KB147717

한식 디저트
&떡제조기능사

조병숙·허이재·김은주
이영주·박서영·박혜경

🅑 (주)백산출판사

감사의 글

좋아하는 일을 한다는 것은 얼마나 감사한 일일까요?

더하여 좋아하는 일을 예쁜 사진과 짜임새 있는 글로 정리하여 책으로 만들어 세상에 내놓는 것은 모든 사람들의 바람일 것입니다.

그런 바람을 2020년 한식, 양식, 중식, 일식, 복어 책 편찬으로 한 번 이루어본 뒤, 한식 디저트 책으로 한 차례 더 실현시켰습니다.

특별한 날 정성껏 우리 디저트를 만드는 사람과 그 예쁜 마음을 받는 사람은 얼마나 행복할까요?

이 책에서는 어릴 적 맛보았던 추억의 떡부터 요즘 트렌드에 맞게 세련되고 쉽게 따라할 수 있는 한식 디저트를 선보입니다. 더욱 다양한 분야와 접목시켜 새로운 한식 디저트의 방향을 제시하고자 노력하였습니다. 또한 기분 좋은 디저트들을 더욱 빛내줄 수 있는 포장까지 안내해 드리고 싶어 마지막까지 놓치지 않고 최선을 다했습니다.

교육현장에서 늘 가르치는 일을 하는 현역들이라 각자 잘할 수 있는 일들을 맡아 제 역할을 다하는 것은 어렵지 않았습니다. 모두가 한뜻으로 정성을 다했기에 같은 목표에 도달할 수 있었음에 감사합니다.

지난 가을 어느날, 광주, 홍성, 서천, 전주에 계시는 원장님들, 선생님들이 한뜻을 모아 첫 계획을 세웠을 때가 꿈만 같은데, 그해 추운 겨울 촬영을 마쳤습니다. 그리고 드디어 또 하나의 결실을 맺었습니다.

재주꾼의 곱디고운 손으로 이 책이 나오기까지 정성과 열정을 다하신 저자분들에게 깊은 존경과 감사한 마음을 보냅니다.

저자 씀

차례

떡

한과

음청류

떡제조기능사

떡

Part 1
떡 이야기

떡은 한국인에게 역사와 문화가 깃들어 있는 음식이다. 양반은 노비날에 농가에서 노비들의 나이만큼 떡을 빚어 그들과 나누어 먹었다. 이는 먹을거리가 변변치 않았던 겨울을 지낸 노비들을 위한 배려였고, 풍년을 기원하는 행위였다. 이렇듯 떡은 예로부터 삶과 정을 나누는 음식이었다.

우리는 삼국시대 이전부터 쌀, 수수, 콩, 보리 등 각종 곡물을 활용해서 다양한 방식으로 떡을 만들어 먹었다. 시대에 따라 그 형태는 달라졌지만 분명 떡은 우리와 늘 함께한 음식이었음에 틀림없다. 또한 고려시대에는 권농정책과 불교의 영향을 받아 떡의 종류와 조리법이 발달했다. 당시 고려인이 만든 율고가 맛있다는 소문이 원나라까지 퍼질 정도였다. 이렇듯 떡은 K푸드의 시초이자, 우리나라와 함께 동행한 음식이라고 해도 과언이 아니다.

제철과 절기에 따른 다양한 떡

우리나라는 사계절이 뚜렷한 나라이다. 우리 민족은 사계절의 변화에 따라 떡을 만들어 이웃끼리 나누어 먹곤 하였다. 1년 12달 동안 매달 즐겨 먹었던 떡이 모두 다를 정도로 다양한 제철 떡을 만들어 먹었는데, 3월에 나오는 어린 쑥을 이용하여 쑥절편이나 쑥단자를 만들어 먹기도 하였으며, 음식이 상하기 쉬운 7월 칠석에는 술로 반죽하여 발효시킨 증편을 즐겨 먹었다. 계절별 다양한 식재료를 이용하여 상황에 맞게 떡을 만들어 먹는 지혜가 있었던 것이다.

또한 계절마다 명절과 절기가 있었고, 떡은 이에 맞게 먹는 특별한 절식으로 사용되기도 하였다. 집안의 우환을 없애고 소원성취를 비는 3월 삼짇날 진달래화전을 먹기도 하였으며, 풍년을 감사하는 의미로 햅쌀을 이용해 시루떡과 송편을 만들어 한가위에 제사를 드리기도 하였다. 상달에 집안의 풍파를 없애고자 하는 기원의 마음을 담아 시루떡을 만들어 먹기도 하였으며, 해가 가장 짧아지는 동지에 잡귀를 없앨 수 있도록 찹쌀경단을 빚어 팥죽에 넣어 먹기도 하였다. 떡은 다양한 모습으로 매달 우리 민족의 삶과 뜻에 힘을 보태어 주는 음식이었다.

빵과 디저트에의 관심으로 떡을 찾는 사람들이 줄어든 것은 사실이지만, 이사 혹은 개업 등 일상 속 큰 행사에서 떡은 여전히 빠지지 않고 등장한다.

우리나라 정성과 인심의 상징

우리나라 속담 중 "떡을 달라는데 돌을 준다."라는 속담이 있다. 이는 인심이 매우 각박하다는 것을 비유하는 말이다. 이처럼 떡은 우리나라의 인심을 뜻한다. 그렇다고 떡은 쉽게 만들 수 있는 음식이 아니다. 쌀을 불리고 빻아 물을 주어 각종 부재료를 넣어 익힌다. 우리 민족은 앞서 언급한 속담의 비유처럼 정성들여 떡을 늘 넉넉히 만들고, 이웃들과 나누어 먹는 것이 당연한 것이었다.

떡을 만들 때 '빚는다'라는 단어를 쓴다. 이는 기원을 담는 것을 뜻한다. 하나부터 열까지 사람의 손을 거쳐야만 만들어지는 떡은 누군가의 염원과 기원인 것이다. 그래서 한 사람이 살아가는 동안 겪는 통과의례(출생, 결혼, 생일, 죽음 등)를 기념할 때마다 떡이 빠지지 않았다.

첫 돌을 맞이한 아이의 장수복록과 신성하고 정결한 삶을 기원하며 먹는 백설기, 아이가 어려운 책을 뗄 때마다 앞으로 정진하라는 격려의 의미로 이웃 혹은 선생님들과 나누어 먹는 오색송편, 아이가 나이 들어 어른이 되었음을 축하하고 책임과

의무를 다하는 어른이 되길 염원하며 먹는 각종 떡 등이 그 예이다. 떡은 한 사람의 일생에 있어서 무탈하고 잘되기를 바라는 여러 마음들이 차곡차곡 쌓인 음식이기에 가장 따뜻하며, 혼자만 누리는 것이 아니라 함께 나누며 더 큰 염원과 기원을 담는다.

우리나라의 건강한 별식 떡

떡은 농경사회의 영향을 받아 쌀을 비롯한 다양한 곡류를 보다 맛있고 간편하게 먹을 수 있는 방법이었다. 주재료인 곡류를 바탕으로 콩, 채소, 과일 등을 넣어 만든 영양가 있는 음식이다. 특히 고물과 소로 자주 쓰이는 콩은 단백질이 풍부하여 부족한 영양을 채워준다.

증편은 반죽에 술을 넣고 발효시켜 만들어 소화가 잘되는 떡으로, 소화가 어려운 어르신들이 특히 많이 찾으신다. 떡은 또한 바쁜 직장인들의 간단한 한끼로 이용되기도 한다. 바쁜 업무로 제때의 식사를 챙겨먹기 어려울 때 건강하게 먹을 수 있는 별식이 된다.

떡의 다양한 변신

떡은 가장 융통성 있는 음식이라고 표현하고 싶다. 밥 대신 한끼를 간편하게 먹을 수 있는 간편식이기도 하며, 밥을 먹고 나서 차와 함께 먹는 다과의 성격도 가지고 있다. 그리고 누군가에게는 떡볶이, 찜닭의 떡사리 등 요리에서 빠지지 않는 재료이기도 하고, 찹쌀떡의 소에 아이스크림이나 생크림을 넣어 트렌드에 맞게 변신하기도 한다.

이렇듯 떡은 누군가의 기호에 맞게 자유자재로 변신하고 있다. 이는 떡이 아직도 남녀노소 모두에게 사랑받는 이유일 것이다.

Part 2
떡 만들기

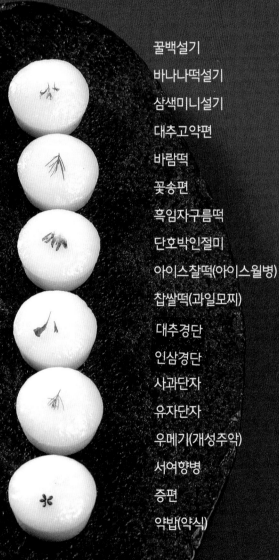

꿀백설기

- 재료 : 멥쌀가루 600g, 설탕 60g, 소금 6g, 흑설탕 60g, 계핏가루 1작은술
- 절편용 : 멥쌀가루 200g, 설탕 20g, 소금 2g, 단호박가루, 비트가루, 녹차가루

만드는 방법

1. 절편용 멥쌀가루는 등분하여 단호박가루, 비트가루, 녹차가루와 소금을 넣고 물주기를 한다.

2. 중간체에 내린 뒤 설탕을 섞어 찜기에 찐다.

3. 익힌 반죽은 충분히 치댄 다음 물방울 모양을 만든다.

4. 멥쌀가루에 소금을 넣고 물주기를 한다.

5. 중간체에 3번 정도 체에 내린 다음 1컵 정도 남겨, 흑설탕과 계핏가루를 넣어 꿀배기를 만든다.

6. 남은 쌀가루에 설탕을 고루 섞는다.

7. 찜기에 시루밑을 깔고 사각틀을 얹고 멥쌀가루 → 꿀배기 → 멥쌀가루 순으로 안쳐서 윗면을 편편하게 정리한 뒤 칼금을 넣는다.

8. 김이 오른 물솥에 찜기를 올리고 강불에 5분 정도 찐 후 사각틀을 뺀 다음 약 20분간 찌고 5분 정도 뜸들이기를 한다.

9. 떡은 한 김 식힌 후 하나씩 떼어 모양 절편을 올린다.

바나나떡설기

- **재료** : 멥쌀가루 320g, 찹쌀가루 80g, 설탕 40g, 소금 4g, 바나나시럽 15g, 바나나틀
- **소** : 바바나 3개, 꿀 20g, 계핏가루 1작은술

만드는 방법

1. 멥쌀과 찹쌀에 소금, 바나나시럽을 넣고 체에 내린다.

2. ①에 물주기를 하고 한번 더 체 내리기를 한다.

3. 바나나는 껍질 벗겨 으깨고, 꿀, 계핏가루를 넣고 골고루 섞어 소재료(필링재)를 짤주머니에 넣는다.

4. 바나나틀에 쌀가루를 절반 담고 소재료 넣을 공간을 만든다.

5. ④에 바나나 소 재료를 넣고 남은 쌀가루를 수북이 담아 틀 옆을 정리한다.

6. 김이 오른 찜기에 약 25분간 찐 뒤 뜸들인다.

삼색미니설기

• **재료** : 멥쌀가루 270g, 찹쌀가루 24g, 소금 3g, 설탕 3T, 바나나우유, 에스프레소, 바질페스토, 바닐라
가루, 원두 6개, 바나나 1/4쪽, 피스타치오 2개, 딜, 백앙금 450g, 생크림 180g

만드는 방법

1. 쌀가루에 소금을 넣고 체에 내려 90g씩 3개로 나누어 놓는다.

2. 90g씩 분할한 각각의 쌀가루에 바나나우유, 에스프레소, 바질페스토를 넣고 잘 비벼 체에
내린다.

3. 각각의 체에 내린 쌀가루에 설탕 1T씩 넣고 섞어준다.

4. 찜기에 면포, 시루밑을 깔고 무스링을 올린 뒤, 쌀가루를 반쯤 채운다.

5. 6분 정도 찐 후 무스링을 빼고, 다시 20분 정도 찐 다음 5분 정도 뜸들인다.

6. 백앙금 450g에 생크림 180g을 넣고 휘핑하여 앙금크림을 만든다.

7. 크림을 210g씩 나누고, 바닐라가루, 에스프레소, 바질페스토를 각각 섞어 짤주머니에 담
는다.

8. 한 김 식은 떡은 무스띠를 두르고, 각각의 크림을 무스띠만큼 채운다.

9. 바나나를 큐브모양으로 자르고, 피스타치오를 잘게 잘라 설탕시럽에 섞었다가 바닐라앙금
크림 위에 올리고, 원두를 에스프레소 앙금크림 위에 올린 뒤 슈거파우더를 뿌려주고, 바질
페스토를 바질페스토 앙금크림 위에 올려 딜과 함께 장식한다.

대추고약편

• **재료** : 멥쌀가루 500g, 막걸리 1/5컵, 설탕 50g, 소금 5g, 대추 5개, 대추고 1/3컵

만드는 방법

1. 멥쌀가루는 소금과 대추고를 넣고 섞은 다음 체에 내린다.

2. ①에 막걸리를 넣고 섞어 체에 내리며 수분을 조절한다. (대추고의 농도에 따라 막걸리 수분을 조절한다.)

3. 시루밑을 깔고 원형틀을 놓은 다음 ②를 편편하게 안친 후 깊게 칼금을 넣는다.

4. 김이 오른 물솥에 찜기를 올리고 5분쯤 후에 원형 틀을 뺀 다음 20분간 찌고 5분간 뜸들이기를 한다.

5. 대추는 돌려깎아 씨를 제거한 후 돌돌 말아 얇게 썰어 놓는다. 잘 익은 떡 위에 대추고를 조금 놓고 위에 대추를 올린다.

Tip

• 대추고는 되직하게 만들어 사용한다.

바람떡

- **재료** : 멥쌀가루 300g, 설탕 30g, 소금 3g, 참기름, 식용유 약간
- **색내기(색소)** : 단호박가루, 청치자가루, 딸기가루, 백년초가루, 쑥가루
- **소재료** : 거피팥고물 60g, 팥앙금 50g, 계핏가루 약간(색소)

만드는 방법

1. 멥쌀가루는 소금을 넣고 체에 내린 다음 물을 넣고 고루 비벼 물주기를 한다. (물주기한 쌀가루가 뭉글뭉글상태로 한다.)

2. 김이 오른 찜기에 면포를 깔고 설탕을 고루 뿌린 후 ①을 넣고 약 20분 정도 찐다.

3. 소는 거피팥과 팥앙금, 계핏가루를 넣고 반죽하여 8g 정도 분할하여 놓는다.

4. 쪄낸 반죽은 각각의 원하는 색소를 첨가하여 끈기가 생길 때까지 치대어 놓는다.

5. 색을 낸 떡은 중앙에 나란히 붙인 뒤 밀어 중앙에 소를 놓고 떡자락을 덮은 다음 각종 바람떡 틀로 찍어 기름(식용유 1: 참기름 1)을 고루 바른다.

Tip

- 쪄낸 반죽은 오랫동안 치대어야 잘 굳지 않는다.
- 설기떡보다 물주기를 많이 한다.

꽃송편

- **재료** : 멥쌀가루 300g, 소금 3g, 참기름, 식용유
- **부재료** : 딸기가루 20g, 단호박가루 20g, 자색고구마가루 20g, 쑥가루 20g, 흑미멥쌀가루 40g
- **송편소 재료** : 거피녹두 200g, 소금 2g, 설탕 55g

만드는 방법

1. 쌀가루에 소금을 넣고 체에 내린다.

2. 여러 가지 색 내기
- 흑미멥쌀과 준비한 쌀가루에 각각의 색을 첨가하여 끓는 물을 붓고 익반죽을 하여 여러 가지 색 반죽을 만들어 준비한다.

3. 송편소 만들기
- 2~3시간 불린 녹두는 찜기에 면포를 깔고 30분 정도 찐다.
- 잘 쪄진 녹두는 소금을 넣고 빻아 중간체에 내린 뒤 설탕으로 간을 하여 송편소를 만든다.

4. 모양내기
- 잎새송편, 꽃송편, 복숭아송편 등 여러 모양 반죽은 떼어 둥글게 빚은 뒤 가운데를 파고 소를 채운 뒤 오므려 각각의 모양을 만든다.
- 국화송편 반죽은 국화 틀에 넣어 모양을 낸다.

5. 안치기 · 찌기
- 시루밑을 깐 찜기에 송편을 안치고 강불로 약 25분 정도 찐다.
- 한 김 식힌 뒤 꺼내어 참기름을 바른다.

Tip
- 소를 넣은 반죽은 손으로 꾹꾹 쥐어 공기를 빼야 모양낼 때 터지지 않는다.

흑임자구름떡

• **재료** : 찹쌀가루 600g, 설탕 60g, 소금 6g, 단호박가루 10g, 흑임자가루 1/3컵

만드는 방법

1. 찹쌀은 깨끗이 씻어 5~6시간 정도 불린 다음 건져서 물기를 뺀 뒤에 빻는다.

2. 찹쌀가루에 소금, 물주기를 하여 체에 내리고, 100g은 단호박가루를 넣어 색을 낸다. 각각의 재료에 설탕을 넣고 고루 섞어 놓는다.

3. 시루에 면포를 깔고 설탕을 솔솔 뿌린 다음 ③을 손에 쥐어 덩어리를 만들어 넣고 30분간 찌고 5분간 뜸들인다.

4. 잘 쪄진 쌀가루는 끈기나게 치대고 조금씩 떼어 흑임자가루를 묻혀 비닐 깐 구름떡 틀에 켜켜로 어긋나게 담고, 사이사이에 호박색 떡도 넣어 꼭꼭 누른 다음 냉동실에 굳힌 후에 썬다.

Tip
• 흑임자가루를 많이 묻히면 잘 붙지 않는다.

단호박인절미

- 재료 : 찹쌀가루 300g, 단호박 250g, 설탕 30g, 소금 3g, 카스텔라 300g, 식용유 약간

만드는 방법

1. 단호박은 깨끗이 씻어 껍질을 벗긴 다음 알맞은 크기로 썰어 찜기에 찐다.

2. ①은 뜨거울 때 덩어리 없이 곱게 으깨준다.

3. 찹쌀가루에 으깬 단호박과 소금을 넣고 고루 섞은 뒤 설탕을 넣는다.

4. 김이 오른 찜기에 면포를 깔고 설탕을 조금 뿌려 반죽을 주먹 쥐어놓기를 반복한 다음 25분 정도 찐다.

5. 카스텔라는 갈색부분을 잘라낸 다음 체에 내려놓는다.

6. 떡매트에 식용유를 바르고 쪄진 반죽을 치댄다.

7. 치댄 반죽은 잠시 식힌 뒤에 썰어 카스텔라 고물을 묻힌다.

아이스찰떡(아이스월병)

- **재료** : 찹쌀가루 180g, 멥쌀가루 120g, 밀전분(소맥전분) 60g, 전분 20g, 월병틀, 포도씨유 70g, 설탕(슈거파우더) 150g, 연유 40g, 우유 200g, 소금 한 꼬집
- **각 소재료** : 고운 팥앙금 120g, 다진 견과류 20g, 계핏가루 약간
  - 백앙금 120g, 쑥가루 6g
  - 백앙금 120g, 흑임자가루 12g
  - 백앙금 120g, 단호박가루 10g
  - 백앙금 120g, 로티카페 7g, 아몬드가루 10g
  - 백앙금 120g, 백련초가루 7g

만드는 방법

1. 찹쌀가루와 멥쌀가루, 밀전분은 고운체에 2번 내린다.

2. 체 친 가루에 포도씨유, 설탕, 연유, 우유를 넣고 잘 섞는다.

3. 반죽은 랩을 씌워 30분 이상 휴지시킨다.

4. 찜기에 면포를 깔고 반죽을 넣은 다음 끓는 물에 30분 정도 찐다.

5. 소 재료는 분량에 맞추어 색을 낸 뒤 22g 정도 분할한다.

6. 쪄진 반죽은 잘 치대어 19g 정도 분할한다.

7. 펼친 떡반죽에 소를 넣고 감싼 다음 월병틀에 넣고 찍어준다.

8. 완성된 떡은 냉동실에 보관한다.

찹쌀떡(과일모찌)

- **재료** : 찹쌀가루 500g, 소금 5g, 물 50g, 팥앙금 100g, 흰 앙금 100g, 녹말가루 100g, 떡비닐
  - 과일 : 바나나 1개, 호두정과 70g, 딸기 10개, 샤인머스캣 1송이, 블루베리 20알, 귤 2개
  - 시럽 : 계란 흰자 1개, 물엿 45g, 설탕 120g

만드는 방법

1. 찹쌀가루에 소금과 물을 넣고 골고루 섞는다.

2. 찜기에 젖은 면포를 깔고 설탕을 고루 뿌린 뒤 물주기한 쌀가루를 안친다.

3. 김이 오른 물솥에 25분 정도 찐다.

4. 볼에 흰자 머랭을 충분히 낸 다음 물엿, 설탕을 넣어 시럽을 만든다.

5. 잘 쪄낸 떡은 시럽을 넣고 오래 치대어준다. (오랫동안 치댈수록 떡이 잘 굳지 않는다. 편칭기 기계를 사용해도 좋다.)

6. 여러 가지 과일로 찹쌀떡을 만들 수 있다.

- 바나나는 흰 앙금을 감싼 다음 떡으로 감싸 전분가루를 묻힌다.
- 귤은 작은 것을 선택 껍질을 벗겨 팥앙금으로 감싼 다음 떡으로 감싸 전분가루를 묻힌다.
- 호두정과는 두 개를 마주보게 해서 팥앙금으로 감싼 다음 떡으로 감싸 전분가루를 묻힌다.
- 샤인머스캣 4개를 팥앙금으로 감싼 다음 떡을 넓게 펴고 감싸 전분가루를 묻힌 다음 위에 샤인머스캣을 올린다.
- 블루베리 4개를 팥앙금으로 감싼 다음 떡을 넓게 펴고 감싸 전분가루를 묻힌 다음 블루베리를 올린다.
- 딸기는 팥앙금으로 감싼 다음 떡으로 감싸 전분가루를 묻힌다.

대추경단

- **재료** : 찹쌀가루 200g, 소금 2g, 대추 15개, 설탕 20g
- **소** : 아몬드가루 70g, 대추 20개, 꿀 45g

만드는 방법

1. 찹쌀가루, 소금, 설탕을 고루 섞은 다음 끓는 물을 넣어 익반죽한다.

2. 익반죽한 반죽은 18g 정도로 분할한다.

3. 대추는 깨끗이 닦은 후 돌려깎아 곱게 다진다.

4. 다진 대추 절반은 고명으로 사용하고 나머지는 아몬드가루, 꿀을 넣고 반죽하여 소를 만들어 10g 정도로 분할한다.

5. 반죽에 소를 넣어 감싼다.

6. 끓는 물에 소를 넣은 경단이 떠오르면 건져 찬물에 식히고 곱게 다진 대추에 묻힌 다음 식용꽃 고명을 얹어 장식한다.

인삼경단

- **재료** : 찹쌀가루 200g, 인삼 2뿌리, 소금 2g, 식용꽃, 꿀 60g, 설탕 20g
- **소** : 대추 10개, 인삼뿌리, 꿀 30g
- **고명** : 채썬 인삼

만드는 방법

1. 찹쌀가루, 소금, 설탕을 고루 섞은 다음 끓는 물을 넣어 익반죽한다.
2. 익반죽한 반죽은 18g 정도로 분할한다.
3. 인삼은 깨끗이 씻어 잔뿌리를 정리, 몸통부분은 곱게 채썰고 나머지는 쪄서 으깬다.
4. 대추는 깨끗이 씻어 돌려깎아 곱게 다진다.
5. 쪄서 으깬 인삼과 다진 대추, 꿀을 넣어 반죽 소를 만든다.
6. 반죽에 소를 넣어 감싼다.
7. 끓는 물에 ⑥번을 넣어 떠오르면 건져 찬물에 식히고 채썬 인삼에 골고루 묻힌다.
8. 식용꽃 고명을 얹는다.

Tip
- 익반죽 시 많이 치댈수록 쫄깃해진다.

사과단자

- 재료 : 찹쌀가루 200g, 백년초가루 5g, 소금 2g, 설탕 20g
- 소 : 거피팥앙금 70g, 팥앙금 100g, 호두정과 30g
- 고물 : 코코넛가루
- 고명 : 사과정과, 호박씨

만드는 방법

1. 찹쌀가루, 소금, 백년초가루를 넣고 체에 내린 다음 물주기를 하고 설탕을 섞어 반죽을 뭉글뭉글하게 만든다.
2. 찜기에 면포를 깔고 설탕을 조금 뿌린 다음 반죽을 주먹 쥐어 담고 김이 오른 찜기에 20분 정도 찐다.
3. 거피팥고물과 팥앙금, 호두정과를 다져 넣고 소를 만들어 18g 정도로 분할한다.
4. ②의 쪄낸 찹쌀떡은 절굿공이를 이용하여 꽈리가 일도록 치댄다.
5. 치댄 반죽을 23g 정도로 떼어 둥글납작하게 만든 후 소를 넣고 동그랗게 빚어준다.
6. 동그랗게 빚은 단자에 코코넛가루를 묻히고 꼬치를 이용하여 가운데 구멍을 내어 호박씨와 사과 정과로 장식한다.

유자단자

- **재료** : 찹쌀가루 200g, 유자청 시럽 20g, 유자청 50g, 건대추 5개, 꿀 10g, 설탕 10g, 소금 2g
- **고물** : 코코넛가루
- **고명** : 유자 건지
- **소** : 밤(생률) 120g, 대추 5개, 유자청 50g, 꿀 10g

만드는 방법

1. 밤은 껍질을 벗겨 찜기에 찐 다음 체에 내리고, 대추는 씨를 제거하여 곱게 다진다.
2. ①에 유자청, 유자 건지, 꿀을 넣고 소를 만들어 10g 정도로 떼어 놓는다.
3. 찹쌀가루, 소금, 치자물을 넣고 비벼 체에 내리고, 유자청 시럽, 설탕을 섞어 반죽을 뭉글뭉글하게 만든다.
4. 찜기에 면포를 깔고 설탕을 조금 뿌린 다음 반죽을 주먹 쥐어 담고 김이 오른 찜기에 20분 정도 찐다.
5. 찹쌀떡은 절굿공이를 이용하여 꽈리가 일도록 친다.
6. 쳐진 반죽을 18g 정도 떼어 둥글납작하게 만든 후 소를 넣고 동그랗게 빚어준다.
7. 단자에 코코넛가루를 고루 묻히고 위에 유자 건지를 올려준다.

Tip

- 오래 치댈수록 잘 굳지 않는다.

우메기(개성주악)

- **재료** : 찹쌀가루 150g, 멥쌀가루 50g, 설탕 20g, 소금 2g, 막걸리 30g
- **장식** : 대추, 호박씨
- **즙청** : 쌀엿조청 1컵, 물 1/3컵, 생강편 30g, 통계피 10g, 대추 4개

만드는 방법

1. 찹쌀가루와 멥쌀가루를 고루 섞어 중간체에 친 후 소금과 설탕을 섞는다.

2. ①에 중탕한 막걸리를 넣어 섞은 후 끓는 물을 넣고 치대어 반죽한다.

3. 반죽을 18g 정도 떼어 직경 3cm, 두께 1cm의 동그란 모양으로 빚어 중앙에 구멍을 뚫는다.

4. 1차로 100℃ 정도의 기름에 튀겨 주악이 봉긋하게 오르고 겉면이 단단해지면 2차 180℃ 정도에서 연한 갈색이 날 때까지 튀긴다.

5. 색이 난 우메기를 건져서 기름을 빼준 후 즙청액에 20분 정도 담갔다가 건진다.

6. 완성된 우메기 윗면에 호박씨와 대추로 장식한다.

서여향병

- **재료 :** 마 200g, 꿀 100g, 찹쌀가루 80g, 코코넛가루 50g, 식용꽃, 소금 약간, 식용유

만드는 방법

1. 마는 세척하여 껍질을 벗기고 두께 0.5cm로 어슷썬다.

2. 김이 오른 찜기에 마를 넣고 3분 정도 찐다.

3. 찹쌀가루에 소금을 넣고 체에 내린다.

4. 찐 마는 꺼내어 식힌 후 꿀에 15분 정도 담가두었다 체에 밭친 다음 찹쌀가루를 앞뒤로 묻힌다.

5. 예열한 팬에 식용유를 두르고 마를 지진 후 코코넛가루를 묻힌다.

6. 식용꽃을 고명으로 올린다.

Tip
- 마를 쪄서 꿀에 담갔다 찹쌀가루를 입혀 기름에 지져낸 후 잣가루를 묻힌 떡이 고유의 서여향병이나 요즘 기호에 따라 다양한 가루를 이용하여 만들기도 한다.

증편

- **재료** : 멥쌀가루 500g, 물 150ml, 생막걸리 150ml, 설탕 100, 소금 5g, 식용유
- **고명** : 식용꽃과 채소
- **색증편으로 할 경우**
  - 노란색 : 치자 또는 단호박가루
  - 분홍색 : 딸기시럽
  - 녹색 : 쑥가루

만드는 방법

1. 쌀가루는 고운체에 내린다. (일반 떡 쌀가루보다 고아야 좋다.)

2. 물은 50℃ 정도로 데워 설탕, 소금을 녹이고, 막걸리는 중탕하여 미지근하게 데운 다음 섞는다.

3. 쌀가루에 ②를 넣어 멍울 없이 고루 섞고 랩을 씌워 발효시킨다.

4. 여름철에는 실온에서 발효시킨다.

- 1차 발효 : 따뜻한 곳(30~35℃)에서 4~5시간 정도
- 2차 발효 : 1차 발효된 반죽을 잘 섞어 공기를 빼고 다시 랩을 씌워 2시간 정도 발효
- 3차 발효 : 2차 발효된 반죽을 잘 섞어 공기를 빼고 1시간 정도 더 발효

5. 증편틀에 식용유를 바르고 반죽을 틀에 80% 붓고 찬물에서부터 올려 중불에 시작, 끓으면 강불에 찐다.

6. 익힌 증편은 꺼내 한 김 나간 뒤 약간의 기름칠을 해서 수분이 날아가는 것을 막는다.

7. 식용꽃과 채소로 장식한다.

Tip
- 떡은 대부분 끓는 물솥에 찜기를 올려 찌지만 증편은 물이 끓기 전에 올려 중약불에서부터 찐다.

약밥(약식)

- **재료** : 찹쌀 4컵, 대추 20g, 밤 5~6개, 참기름 50ml, 잣 10g, 베이킹소다
- **약밥소스** : 대추고 1/2컵, 간장 3큰술, 황설탕 1/2컵, 계핏가루 1/2작은술, 소금 약간

만드는 방법

1. 대추는 베이킹소다를 이용하여 깨끗이 씻는다. 냄비에 대추와 물을 넣고 충분히 끓인 다음 체에 내려 씨와 껍질을 분리한 후 살만 조려 대추고를 만든다.

2. 찹쌀은 깨끗이 씻어 6~7시간 정도 충분히 불린 후 물기를 뺀다.

3. 1차 : 찜기에 물을 올려 김이 오르면 젖은 면포를 깔고 불린 찹쌀을 30~40분 정도 찐다.

4. 밤은 껍질을 벗겨 3~4등분 정도로 자르고, 잣은 고깔을 떼어놓는다. 대추는 젖은 면포로 깨끗이 닦아 돌려깎아서 씨 제거 후 돌돌 말아 썬다.

5. 약밥 소스를 만든다. 간장은 살짝 끓이고, 황설탕과 계피, 대추고를 넣어 잘 풀어 놓는다.

6. 1차 찐 찹쌀에 약밥소스와 밤, 대추를 넣고 잘 버무린 다음 다시 김이 오른 찜통에 25분 정도 찐 다음 뜸들인다.

7. 다 쪄진 약식을 큰 그릇에 부어 참기름, 대추를 넣고 골고루 섞은 후 틀에 꼭꼭 담아 식혀 썰거나 따뜻할 때 그릇에 담아 완성한다.

Tip
- 찹쌀은 충분히 불린 뒤에 쪄야 한다.

Part 3

떡 포장하기

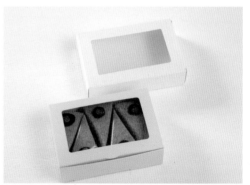

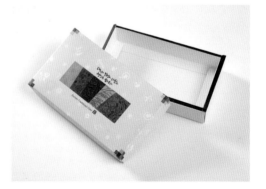

한과

Part 1
한과 이야기

우리나라에서 전통적으로 내려오는 과자를 중국의 한과(漢菓), 양과와 구분하기 위해 한과(韓菓)라고 하였다. 쌀을 주식으로 하는 우리나라에서는 쌀을 비롯한 곡류, 콩류, 견과류, 꿀, 과일 등을 이용하여 과자류를 만들었다. 이렇게 과자류를 만들어 먹은 것은 삼국시대 즉, 통일신라시대 때이다. 신문왕 3년에 왕비를 맞이할 때의 폐백품목에 한과 재료들이 포함되어 있는 것으로 보아, 혼례음식으로 만들어 먹었을 것이라고 추정한다.

불교가 성행하였던 고려시대에는 육식을 절제하고 차를 즐겨 마셨으므로 함께 먹은 다식(茶食)이 발달하였다. 불교의 사찰에서 한과 종류 중 하나인 유밀과가 성행하였는데 이는 일반 백성들에게도 유행이었다. 이를 시작으로 조선시대에는 왕실에서 일반백성까지 한과가 제사음식, 혼례음식, 환갑음식 등의 잔치와 의례 음식으로 쓰였다.

다양한 디저트를 즐길 수 있는 이 시대에 한과가 꾸준히 사랑받는 이유는, 오랜 세월 여러 모양으로 우리와 함께 희로애락을 함께했기 때문이다.

사계절의 한과

한과는 계절을 가장 잘 나타내는 음식이다. 계절마다 형형색색 피어나는 꽃들과 과일, 제철재료를 활용하여 다양하게 만들어지기 때문이다. 과일을 그대로 말려 식감과 단맛을 더 좋게 하거나, 곡류·콩류·과일 등 다양한 재료를 꿀이나 설탕에 절여 먹기도 한다. 이때 계절에 맞는 꽃을 이용해 색과 계절의 미학을 더하기도 한다. 이렇듯 사계절이 뚜렷한 우리나라는 한과의 색과 모양·맛 등이 사계절에 맞추어 다양해질 수밖에 없는 것이다.

지역별 한과

지역에서 생산되는 재배작물을 사용하여 만든 전통 한과는 각 지방 특색에 맞는 향토성을 띤 음식으로 발전하였다.

지역	지역별 특색	한과의 종류
서울	소박하고 담백한 맛을 중시하여 손이 많이 가는 정과류나 매작과가 발달	매작과, 약과, 각색 다식, 각색 엿강정, 각색 정과
경기도	땅콩의 주산지인 여주의 땅콩강정과 잣의 집산지인 가평의 송화다식 등이 유명함	여주 땅콩강정, 가평 송화다식, 개성약과, 수원약과, 오색다식
강원도	사치스럽지 않고 소박한 한과가 특징으로 옥수수의 주산지답게 옥수수로 엿을 만들고 독특한 방법으로 만든 매작과가 유명함	옥수수엿, 매작과(리본 모양), 약과, 산자, 송화다식
충청도	인삼을 재배하는 지역이 많아 인삼약과와 인삼정과 등이 유명함	인삼약과, 수삼정과, 무릇곰, 당근정과, 모과구이, 무엿
전라도	진도에서 많이 생산되는 구기자로 만든 강정과 창편흰엿이 유명함	창평흰엿, 구기자 강정, 산자, 유과, 전주약과, 고구마엿, 연근정과, 비자강정, 동아정과
경상도	제철에 나는 과일과 채소를 이용하여 만든 정과가 유명함	정과, 신선다식, 대추징조, 각색 정과, 다시마정과, 우엉정과, 유과, 준주강반, 강냉이엿
제주도	한과 중 엿 종류가 많으며, 닭고기, 꿩고기, 돼지고기 등 육류를 넣어 만든 엿이 유명함	약과 닭엿, 돼지고기엿, 꿩엿, 하늘애기엿, 보리엿, 호박엿

지역	지역별 특색	한과의 종류
황해도	무로 만든 무정과가 유명함	무정과
평안도	산자류가 독특한 방법으로 만들어지며, 각종 견과류를 튀기거나 볶아서 만든 간식이 유명함	고줄(산자), 견과류볶음, 수수엿
함경도	옥수수로 만들어 좁쌀 고물을 묻힌 독특한 엿이 유명함	태석, 방울강정, 산자, 약과, 콩엿강정, 들깨엿강정

정성어린 우리 과자

한과는 오랜 시간을 들여 힘을 쏟아야 완성되는 음식이다. 고운 색을 내기 위해 오랜 시간 열매를 푹 달이거나 힘을 들여 곱게 빻기도 한다. 특히 과일이나 채소를 당에 절이고 말리는 시간들은 해충과 곰팡이가 피지 않도록 하는 보살핌의 시간이다. 습기가 차진 않았는지, 통풍은 잘 되고 있는지 확인하고, 시시때때로 벌레를 쫓고 때를 기다려야 하기 때문이다. 힘과 시간 · 정성 그리고 인내 모두 필요한 작업이다. 이렇게 완성된 한과는 귀한 손님을 대접하는 귀한 음식이기도 했다. 기나긴 보살핌의 시간 끝에 만들어진 아름다운 한과야말로, 받는 사람에게 소중하다는 느낌을 줄 수 있을 것이다.

한과의 다양한 변신

쫀득한 개성주악, 다양한 맛의 양갱, 조청의 맛을 더한 못난이 약과 등은 요즘 손쉽게 먹을 수 있는 후식들이다. 다양한 디저트를 즐기고 수용할 수 있는 환경 가운데, 소비자는 우리 과자를 잊지 않고 찾는 것이다. 더 나아가 양갱을 넣은 케이크, 약과 쿠키 등 서양 디저트와 접목시켜 호불호 없이 찾을 수 있는 디저트가 되었다. 이렇듯 우리 전통과자는 세대에 맞게 다양하게 변신하고 있다. 이럴 때일수록 우리 과자의 전통성과 그 역사를 잊지 않고 기억해야 할 것이다.

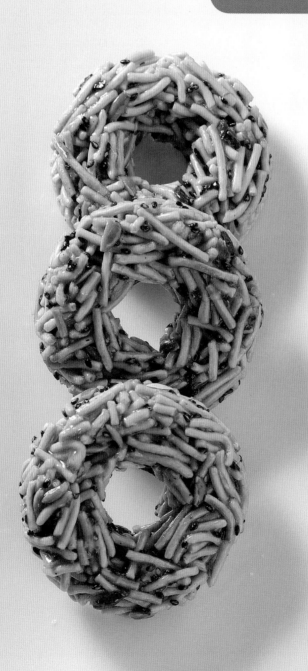

Part 2
한과 만들기

오색쌀엿강정

- **재료** : 시판용 구운 쌀 4컵
- **시럽** : 물엿 80g, 설탕 45g, 물 15cc
  - 노란색 : 단호박, 유자
  - 파란색 : 파래, 클로렐라, 모시가루
  - 보라색 : 자색고구마, 비트가루
  - 분홍색 : 딸기가루, 백년초가루
  - 갈색 : 커피가루나 계핏가루

만드는 방법

1. 냄비에 물엿, 설탕, 물을 분량대로 넣고 중불에서 설탕이 녹을 때까지 끓여 시럽을 만들어 굳지 않게 중탕한다.

2. 팬에 시럽을 반 컵 넣고 색을 넣어 고루 풀어준 다음 구운 쌀 4컵을 넣고 섞어 한 덩어리가 되도록 버무린다.

3. 강정틀 위에 비닐을 깔고 식용유를 바른 다음 버무린 강정을 쏟아 편편하게 밀대로 밀어 준다. (말린 과일이나 감태 등을 얹어 장식)

4. 강정자를 대고 알맞은 크기로 잘라준다.

Tip
- 너무 식은 뒤에 썰면 부서질 수 있으니 한 김 식혀 온기가 있을 때 썬다.

아몬드콩고물범벅

- **재료** : 아몬드 200g, 마스코바도 50g, 생강즙 50g, 버터 5g, 볶은 콩가루 50g

만드는 방법

1. 팬에 아몬드를 살짝 구워준다.
2. 팬에 마스코바도와 생강즙을 넣어 마스코바도를 녹여준다.
3. 마스코바도가 녹으면 아몬드를 넣고 섞다가 딱딱해지면 버터를 넣는다.
4. 버터코팅이 되면 불을 끄고 넓은 접시에 펼쳐 한 김 식힌다.
5. 콩가루를 골고루 묻힌다.

피칸강정

- **재료** : 피칸 200g
- **시럽** : 물 2/3C, 설탕 2/3C, 물엿 4T, 소금 한 꼬집, 식용유

만드는 방법

1. 끓는 물에 피칸을 살짝 데쳐 찬물에 가볍게 헹군다.
2. 데친 피칸은 120℃의 오븐에 20분 정도 살짝 굽거나 채반에 펼쳐 말려준다.
3. 팬에 물, 설탕, 물엿을 넣고 끓으면 피칸을 넣고 윤기있게 졸여지면 불을 끄고 식용유 1T 정도를 넣고 섞는다.
4. 140℃ 정도의 기름에 조린 피칸을 넣고 튀긴 다음 기름을 제거한다.

호두강정

- **재료** : 호두 300g, 소금 2g, 설탕 150g, 물엿 20g, 꿀 20g, 계핏가루 2g

만드는 방법

1. 호두는 깨끗이 씻어 끓는 물에 3~4분 정도 데쳐 헹군다.
2. 데친 호두는 110~120℃ 정도의 오븐에 구워 수분을 없앤다.
3. 팬에 물, 물엿, 설탕, 계핏가루, 소금을 넣고 젓지 않고 끓여서 시럽을 만든다.
4. 시럽에 수분 제거한 호두를 넣고 약불에서 윤기있게 조리다 꿀을 섞은 후 불을 끈다.
5. 조린 호두는 체에 내려 여분의 시럽을 걸러내고 160℃ 오븐에 10분, 뒤집어서 5분간 굽는다.

견과류강정

- **재료** : 땅콩 1컵, 캐슈넛 1컵, 호박씨 1컵, 검은깨 1/2컵, 호두 1컵, 아몬드 슬라이스 1컵
- **절편용** : 조청 1컵, 설탕 2큰술, 버터 30g, 올리고당 2큰술, 식용유, 비닐

만드는 방법

1. 호두는 깨끗이 씻어 끓는 물에 3~4분 정도 삶아 볶아 놓는다. (오븐에 구워도 된다.)

2. 호박씨, 해바라기씨는 깨끗이 씻어 볶아 놓는다. (볶지 않은 견과류(생견과류)는 모두 볶아서 사용한다.)

3. 비닐에 식용유를 바르고 강정틀 위에 준비해 놓는다.

4. 냄비에 분량의 시럽을 끓이다 볶아 놓은 견과류를 넣어 고루 잘 섞은 다음 강정틀에 담고 윗면을 비닐로 덮어 밀대로 밀고 편편하게 한 다음 적당한 크기로 썬다.

Tip
- 시럽 만들 때 너무 오래 끓이면 강엿이 되므로 조심해야 한다.

꼬부리강정

- **재료 :** 꼬부리 250g, 생강 1톨, 실리콘몰드
- **부재료 :** 호박씨, 흑임자, 해바라기씨, 들깨, 크랜베리 등 각각 50g
- **시럽 :** 물엿 1컵, 설탕 1컵, 물 3큰술

만드는 방법

1. 냄비에 물엿, 설탕, 물을 분량대로 넣고 중불에서 설탕이 녹을 때까지 끓여 시럽을 만들어 굳지 않게 중탕한다.

2. 각각의 부재료인 견과류는 팬에 볶아서 준비한다.

3. 생강은 강판에 갈아 생강즙을 낸다.

4. 팬에 시럽 반 컵과 생강즙 1큰술을 넣고 끓으면 꼬부리와 견과류를 넣고 섞어준다.

5. 몰드에 편편하게 담고 한 김 식으면 꺼낸다.

오란다강정

- **재료 :** 퍼핑콩 200g, 검은깨 2∼3큰술, 각종 견과류 50g, 생강 1톨
- **시럽 :** 물엿 1컵, 설탕 1컵, 물 3큰술

만드는 방법

1. 냄비에 물엿, 설탕, 물을 분량대로 넣고 중불에서 설탕이 녹을 때까지 끓여 시럽을 만들어 굳지 않게 중탕한다.

2. 각각의 부재료인 견과류는 팬에 볶아서 준비한다.

3. 생강은 강판에 갈아 생강즙을 낸다.

4. 팬에 시럽 반 컵과 생강즙 1큰술 넣고 끓으면 퍼핑콩과 견과류를 넣고 섞어준다.

5. 몰드에 편편하게 담고 한 김 식으면 꺼낸다.

모양깨강정

- **재료** : 볶은 거피깨 200g, 볶은 흑임자 100g, 김 2장
- **색내기재료** : 단호박가루, 쑥가루, 백년초가루
- **시럽** : 물엿 80g, 설탕45g, 물 15g

만드는 방법

1. 냄비에 물엿, 설탕, 물을 넣고 설탕이 녹을 정도로 끓인다.

2. 식지 않도록 중탕하여 놓는다.

3. 조색 강정 : 냄비에 시럽과 각각의 색을 넣고 거피깨 넣어 버무린 다음 김 위에 펼쳐 놓는다.

4. 냄비에 시럽을 넣고 끓으면 거피깨를 넣어 버무리고 강정틀에 김을 깔고 얇게 펼친 다음 각각 조색한 강정을 넣고 모양을 잡는다.

5. 한 김 식은 후에 썬다.

쌀전병

- **재료** : 멥쌀가루 330g, 아몬드가루 230g, 계란 300g(전란 4개 + 흰자 4개), 설탕 170g, 탈지분유 1T, 우유 80~150㎖, 버터 100g
- **토핑재료** : 볶은 흑임자, 볶은 들깨, 아몬드 슬라이스, 볶은 아마씨, 땅콩분태, 해바라기씨, 피스타치오, 햄프씨드, 감태 또는 파래가루

만드는 방법

1. 멥쌀가루와 아몬드가루는 고운체에 내리고, 버터는 중탕해서 녹여준다.

2. 달걀 흰자를 볼에 담고 설탕을 넣어 잘 섞어준다.

3. 중탕해서 녹인 버터를 두 번에 나눠 ②에 넣고 섞어준다.

4. ①에 아몬드가루와 ③을 넣고 섞어 우유로 수분을 조절한다.

5. 오븐팬에 실리콘 패드를 깔고 전병틀에 올려 반죽을 붓고 얇게 스크레퍼로 펼쳐 놓고 전병틀을 들어낸다.

6. 원하는 토핑을 골고루 뿌리고 털어낸다.

7. 예열된 오븐(155℃에서, 13~15분 정도)에 노릇노릇하게 구워낸다.

8. 중간에 오븐팬을 앞뒤로 바꿔준다.

율란

- **재료 :** 밤 200g, 계핏가루 2g, 꿀 2큰술, 소금 1g, 잣 15g

만드는 방법

1. 밤은 껍질을 벗겨 김이 오른 찜기에 찐다.

2. 잘 쪄진 밤은 절굿공이로 빻아 중간체에 내린다.

3. 체에 내린 밤 고물에 계핏가루, 꿀, 소금을 넣고 잘 섞어 뭉친다.

4. 잣은 고깔을 떼고 곱게 다진다.

5. 10g 정도 떼어 밤모양을 만들어 밑부분에 꿀을 묻힌 다음 잣가루를 묻힌다.

조란

• **재료** : 대추 200g, 물엿 2큰술, 설탕 1큰술, 꿀 1큰술, 계핏가루 3g, 잣 10g

만드는 방법

1. 대추는 젖은 행주로 깨끗이 닦아 씨를 제거한 다음 김이 오른 찜기에 찐다.

2. 쪄진 대추는 곱게 다져 설탕, 물엿, 계핏가루을 넣고 조린다.

3. 조린 대추는 원래모양으로 빚어 꼭지부분에 통잣을 끼운다.

생란(강란)

- **재료 :** 생강 300g, 설탕 100g, 소금 1g, 물 150g, 물엿 25g, 꿀 1T, 잣 25g

만드는 방법

1. 껍질 벗긴 생강을 세척하여 강판이나 믹서에 갈아준다.

2. 면포에 간 생강을 담고 꽉 짜서 물기를 뺀 후, 생강물의 앙금이 가라앉도록 30분 이상 둔다.

3. 물기를 꽉 짠 생강은 체에 담아 찬물에 헹궈 매운맛을 뺀다.

4. 생강물의 앙금이 가라앉으면 웃물은 조심스럽게 따라내고 앙금만 남긴다.

5. 생강 건지와 설탕, 소금, 물을 넣고 중불로 끓인다.

6. 수분이 반 정도 날아가면 물엿을 넣고 중약불에서 조린다.

7. 거의 다 조려지면 생강 앙금과 꿀을 넣어 더 조리고 한 덩어리로 뭉쳐지면 불을 끈다.

8. 조려진 생강을 넓은 그릇에 펼쳐 식힌다.

9. 잣은 고깔을 떼고 다져 잣가루를 만든다.

10. 그릇에 식힌 생강 반죽을 8~10g씩 소분하고 물과 설탕을 섞어 설탕물을 준비한다.

11. 반죽에 설탕물을 묻히며 삼각뿔 모양으로 빚고 잣가루를 묻혀 완성한다.

앵두편

- **재료 :** 앵두 300g, 설탕 80g, 꿀 1큰술, 녹두녹말 3큰술, 소금 약간, 식초 약간

만드는 방법

1. 앵두는 선별하여 깨끗이 씻은 후 식촛물에 잠시 담가 헹군 다음 물을 빼준다.

2. 냄비에 앵두와 앵두 3배 정도의 물을 붓고 약간의 소금을 넣고 과육이 무르도록 끓인다.

3. 무른 앵두는 체에 걸러 앵두즙을 낸다.

4. 냄비에 앵두즙과 설탕을 넣어 약한 불에 조린다.

5. 되직해진 앵두즙에 꿀과 녹말물(물 4큰술, 녹두녹말 3큰술)을 넣고 약불에서 은근히 끓인 다음 뜸들인다.

6. ④는 여러 모양의 몰드에 부어 식히고, 굳으면 꺼낸다.

매작과

- **재료** : 밀가루 220g, 소금 2g, 생강 1톨, 식용유 500㎖, 색치자 · 녹차 · 계피 · 백년초가루 등 약간씩, 고추장
- **시럽** : 설탕 1/2컵, 물 1/2컵

만드는 방법

1. 밀가루는 체에 내려놓는다.

2. 생강은 껍질을 벗긴 뒤 갈아서 생강즙을 낸다.

3. 밀가루를 3등분하여 각각 색을 첨가한 후 소금, 생강즙, 물을 넣고 골고루 섞이도록 반죽한다.

4. 반죽을 얇게 밀어 포갠 뒤 3번 칼집을 넣어 가운데 칼집 사이로 밀어 넣고 뒤집어서 꼬아 모양을 만든다.

5. 설탕과 물을 동량으로 섞어 시럽을 만든다.

6. 튀기기 : 기름을 130~140℃로 가열해서 튀겨낸 다음 시럽을 바른다.

차수과

- **재료** : 밀가루 220g, 소금 2g, 생강 1톨, 식용유 500ml, 색치자 · 녹차 · 계피 · 백년초가루 등 약간씩

만드는 방법

1. 밀가루는 체에 내려놓는다.

2. 생강은 껍질을 벗겨 갈아서 생강즙을 낸다.

3. 밀가루는 3등분하여 각각 색을 첨가한 후 소금, 생강즙, 물을 넣어 골고루 섞이도록 반죽한다.

4. 반죽을 얇게 밀어 6cm×2cm×0.2cm 정도의 크기에 칼집을 4번 넣는다.

5. 일부는 각각의 색 반죽에 크기별로 꽃몰드로 찍는다.

6. 튀기기 : 기름을 130~140℃로 가열해서 튀겨낸 다음 시럽을 비른다.

Tip
- 겹매작과는 수분을 첨가하여 잘 붙여야 튀길 때 떨어지지 않는다.

모약과(개성약과)

- 반죽 : 밀가루 300g, 설탕 15g, 소금 3g, 참기름 70g, 생강 2톨, 술 100g, 흰 후춧가루, 계핏가루, 꿀
- 즙청 : 쌀조청 300g, 설탕 20g, 물엿 100g, 생강즙, 소금 한 꼬집
- 고명 : 대추, 잣

만드는 방법

1. 밀가루에 참기름, 흰 후춧가루, 계핏가루를 넣고 손으로 비벼 기름 먹이기를 한 다음 체에 내린다.

2. 생강즙을 낸 다음 꿀과 설탕, 술, 소금 한 꼬집을 넣고 섞어 놓는다.

3. ①에 ②를 여러 번 나누어 넣으며 주걱으로 섞어서 반죽한다. (반죽 시 치대면 절대 안 됨)

4. 반죽은 밀대로 밀어편 다음 다시 접어 포개길 반복, 모약과 틀로 찍거나 모양을 만들어 꼬치로 구멍을 군데군데 낸다.

5. 100~110℃ 정도에 약과가 떠오를 때까지 튀긴 다음 온도를 올려 갈색이 나도록 튀긴다.

6. 튀긴 약과는 키친타월에 기름을 제거한다.

7. 기름 제거한 약과는 즙청에 하루 정도 담갔다 건진다.

Tip
- 밀가루에 참기름이 잘 스며들도록 비벼야 하며 반죽을 너무 많이 치대면 글루텐이 형성되어 튀겼을 때 켜층이 잘 나오지 않는다.

찹쌀약과

- **재료** : 밀가루 180g, 찹쌀가루 30g, 도넛가루(시판용) 30g, 달걀 1개, 설탕 50g, 물엿 30g, 식용유 40g, 계핏가루 1/3작은술, 물 60g
- **즙청** : 쌀엿조청 450g, 물엿 250g, 물 150g, 생강편 30g, 통계피 10g, 대추 5개

만드는 방법

1. 밀가루, 찹쌀가루, 도넛가루, 계핏가루를 넣고 체에 내린다.

2. ①에 식용유를 넣고 고루 비빈 다음 체에 내린다.

3. ②에 달걀, 설탕, 물엿을 넣고 고루 섞어 뭉친 다음 한 덩어리를 만들어 비닐에 넣어 잠시 숙성시킨다.

4. 반죽을 15g 정도 분할한다.

5. 약과틀에 식용유를 바르고 반죽을 꼭꼭 눌러 찍어내고 가장자리를 꼬치로 찔러 꺼낸다.

6. 100 ~110℃ 정도의 기름에 갈색이 나게 튀긴다.

7. 튀겨낸 약과는 기름을 충분히 뺀다.

8. 냄비에 분량의 즙청 재료를 넣어 20~30분 정도 은근히 끓여 식힌다.

9. 튀긴 약과는 하루 정도 즙청에 담근 후 건져낸다.

Tip
- 튀김 온도에 주의한다.

만두과

- **재료** : 밀가루 2컵(220g), 참기름 3큰술, 물엿(설탕시럽, 꿀) 3큰술, 청주(소주) 3큰술, 소금 2g, 생강즙 3큰술, 계핏가루 한 꼬집, 흰 후춧가루 한 꼬집, 식용유 적당량
- **소** : 대추 60g, 계핏가루 1/2작은술, 유자청 2큰술, 꿀 1큰술
- **즙청** : 쌀엿조청 1컵, 물 1/4컵, 계핏가루 1/4작은술, 생강 1쪽, 유자청 2큰술
- **고명** : 잣

만드는 방법

1. 생강은 껍질을 벗겨 강판에 갈아 생강즙을 낸다.

2. 밀가루, 흰 후춧가루, 계핏가루, 소금을 넣고 고루 섞어 체에 내린다.

3. 체에 내린 밀가루에 참기름을 넣고 손으로 고루 비벼 밀가루에 참기름 먹이기를 한다.

4. 참기름 먹인 밀가루는 물엿(꿀, 설탕시럽)과 청주, 생강즙을 넣고 가볍게 반죽하여 한 덩어리로 만든다.

5. 대추는 깨끗이 닦은 후 씨를 제거하고 다진 다음 계핏가루와 꿀을 넣고 섞어 은행알만큼 소를 만든다.

6. 분량의 즙청을 만든다.

7. 반죽은 12g 정도 떼어서 가운데 구멍을 내어 대추 소를 넣고 끝을 잘 아무린 뒤 끝을 꼬아 모양을 빚어 130℃ 정도의 기름에 속까지 익도록 튀겨낸다.

8. 갈색이 나면 건져서 기름을 제거하고 뜨거울 때 즙청에 담갔다 건진다.

인삼편정과

- **재료** : 수삼 400g(大) 5뿌리, 물 200g, 설탕 110g, 물엿 280g, 꿀 100g
- **장식** : 식용꽃 약간, 설탕 적당량

만드는 방법

1. 인삼을 깨끗하게 씻은 후 물기를 제거한다.

2. 인삼의 뇌두를 제거하고 잔뿌리를 정리한 후 0.5cm 정도의 두께로 어슷썬다.

3. 찜기에 면포를 깔고 자른 인삼을 넣고, 김이 오른 물솥 위에 올려 3분 정도 찐다.

4. 찐 인삼은 물, 설탕을 넣고 끓으면 약불로 줄이고, 잠시 식혔다 다시 졸이기를 3번 반복하고 마지막은 물엿과 꿀을 넣고 약불에 5∼10분 정도 조린다. (조리는 과정에서 거품이 올라오면 걷어준다.)

5. 꾸덕하고 투명하게 조린 정과는 60℃ 정도의 건조기로 말린 다음 설탕을 묻힌다. (바람 좋고 햇살 좋은 날엔 자연건조)

6. 식용꽃이나 대추 등으로 장식한다.

생강편정과

· **재료** : 생강 300g, 설탕 180g, 꿀(물엿) 100g, 허니파우더 40g

만드는 방법

1. 껍질 벗긴 생강은 0.3cm 정도 두께로 편썬 다음 매운맛을 빼고, 끓는 물에 데친다.

2. 냄비에 데친 생강은 설탕, 물을 넣고 강불에 끓이다 약불에 은근히 조린다.

3. 3회 정도 반복하여 조리고 꾸덕해지면 물엿을 넣어 조린다.

4. ③을 체에 건져 시럽을 내리고 건조기로 2시간 정도 건조시킨다.

5. 꾸덕해진 정과를 허니파우더에 골고루 묻힌다.

6. 냉동 보관한다.

연근건정과

- 재료 : 연근 300g, 소금 5g
- 담금물 가 : 1리터, 식초 5큰술
- 담금물 나 : 1리터, 소금 1/2작은술, 치자가루 · 백년초가루 · 청치자가루 약간씩

만드는 방법

1. 연근을 깨끗이 씻은 뒤 껍질을 벗기고 0.2cm 두께로 둥글게 썬다.

2. 둥글게 썬 연근은 4등분하여

   ① 담금물 가에 20분 정도 담가 전분을 뺀다.

   ② 담금물 나 1/3에 치자가루를 푼 다음 20분 정도 동안 담가 전분을 뺀다.

   ③ 담금물 나 1/3에 청치자가루를 푼 다음 20분 정도 동안 담가 전분을 뺀다.

   ④ 담금물 나 1/3에 백년초가루를 푼 다음 20분 정도 동안 담가 전분을 뺀다.

3. 끓는 물에 각각의 천연색과 소금을 넣고 연근이 투명해질 때까지 데쳐 찬물에 헹군다.

4. 데친 연근은 설탕, 물에 잠시 끓인 후 채반에 건져 건조기에 바싹 말린다.

도라지정과

- **재료** : 통도라지 500g, 황설탕 1컵, 물엿(조청) 800g, 허니파우더 1/3컵, 콩가루 20g, 홍삼엑기스 1큰술, 대추 10알 정도, 소금 약간, 종이호일

만드는 방법

1. 도라지는 껍질 제거 후 끓는 물에 소금 한 꼬집을 넣고 데쳐 놓는다.

2. 평평한 냄비에 데친 도라지, 황설탕, 물엿, 대추, 물을 넣고, 처음엔 센 불에서 10분 정도 끓이고, 약불로 40분 정도 끓인다. (위에 종이호일로 덮고, 수시로 거품을 제거한다.)

3. 중간에 물 붓고 끓이기를 2~3회 반복한다.

4. 도라지가 맑고 투명해지고 꾸덕꾸덕해지면 조청을 넣고 조린다.

5. 조려진 도라지는 체망에 건져 자연 건조시키거나, 건조기를 이용하여 꾸덕꾸덕하게 말린 후 허니파우더나 콩고물을 묻힌다.

Tip

- 도라지의 쓴맛을 제거하고 두꺼운 부분은 칼집을 넣어 익히는 정도를 맞추어준다.

올리브정과

- **재료** : 블랙올리브캔 3kg, 설탕 900g, 물엿 120g, 물 250g, 볶은 피스타치오 400g 정도

만드는 방법

1. 홀 블랙올리브는 캔에서 꺼내 물을 빼준 후 2~3회 정도 물에 헹궈준다.

2. 으깨지거나 모양이 일정하지 않은 올리브는 제거한다.

3. 궁중팬에 올리브, 설탕, 물을 넣고 센 불에서 끓이다 약불에서 25분 정도 끓여준다.

4. 시럽이 절반 이상 조려지면 물엿을 넣고 잠시 끓인 다음 체에 건져낸다.

5. 약 75℃ 정도 되는 건조기에 40분~1시간 정도 건조한다.

6. 건조된 정과는 냉동 보관하고 먹기 전에 피스타치오를 끼워준다.

Tip
- 1주일 정도는 냉장 보관하며 장기간 보관 시 냉동 보관한다.

금귤정과

• **재료** : 금귤 600g, 설탕 200g, 물 300g, 물엿 50g, 베이킹소다 2T, 소금 한 꼬집

만드는 방법

1. 금귤은 선별하여 베이킹소다를 뿌려 닦은 후, 식초물(식초 1큰술. 물 1리터)에 3~4분 정도 담갔다 깨끗하게 헹군다.

2. 금귤의 꼭지를 제거한 다음, 물기를 제거하고 반을 잘라 씨를 제거한다.

3. 볼에 금귤과 설탕을 번갈아 넣어 켜켜이 쌓고 랩을 씌운 다음, 실온에서 5~6시간 정도 보관하여 설탕을 완전히 녹인다.

4. ③을 냄비에 담고 물과 물엿을 넣어 중불로 은근히 끓인다.

5. ④를 약불로 줄이고 거품을 수시로 걷어주며 5~10분간 조린 후 식힌다. 약불에 조리고 식히는 과정을 2~3번 반복한다.

6. 조린 금귤을 체에 내려 시럽을 제거한 후, 건조기에 넣고 60~70℃로 5~6시간 정도 말리거나 자연 건조해도 좋다.

투톤양갱

- 재료 : 백옥앙금 500g, 물엿 100g, 설탕 500g, 가루한천 22g, 자색고구마가루, 딸기가루, 복분자가루, 초콜릿레진, 건무화과, 망고, 팥앙금, 스텐 양갱틀
- 투명양갱 : 물 200g, 가루한천 6g, 설탕 200g, 물엿 30g
- 앙금양갱 : 백옥앙금 500g, 물 400g, 가루한천 12g, 설탕 350g, 물엿 60g

만드는 방법

1. 물 1컵(200ml)에 한천 6g을 넣고 20분 정도 불린다.

2. 냄비에 불린 한천과 물을 넣고 한천이 녹을 때까지 저어주며 끓이다 설탕 200g, 물엿 30g을 넣고 끓여 투명양갱을 만든다. 양갱틀에 스프레이로 물을 뿌리고 투명양갱을 붓는다.

3. 물 2컵(400ml)에 한천 12g을 넣고 20분 정도 불린다.

4. 불린 한천이 녹을 때까지 저어주며 끓이고 백옥앙금 500g과 색의 가루를 넣고 잘 풀어준 다음 설탕 350g, 물엿 60g을 넣고 끓여준다.

5. 팔팔 끓으면 불을 끄고 거품이 가라앉은 후 투명양갱 위에 부어준다.

디자인양갱

만드는 방법

1. 앙금 양갱을 끓인 후 일부는 조색 후 데프론 시트에 부어 식힌다.

2. 나머지 앙금양갱은 조색 후 양갱틀에 반만 차도록 부어준다.

3. 데코용 양갱모양을 찍은 후 틀에 있는 앙금양갱 위에 장식 후 투명양갱을 부어준다.

흑임자꽃다식

- **재료** : 볶은 흑임자가루 2컵, 꿀 1큰술, 엿 3큰술, 소금 약간
- **꽃 모양재료** : 녹두녹말가루 1컵, 치자가루 1큰술, 백년초가루 1큰술, 청치자가루 1큰술,
  녹차가루 1큰술, 엿 2큰술, 소금 약간

만드는 방법

1. 흑임자가루에 소금 한 꼬집을 넣고 분쇄기나 절구에 기름이 나올 때까지 찧는다.

2. ① 흑임자를 면포로 감싸 기름을 제거 후 찜솥에 20분 정도 찐다.

3. 찐 흑임자에 꿀과 물엿을 넣고 반죽한다.

4. 꽃모양은 녹말가루에 각각의 색과 엿을 넣고 반죽한다.

5. 모양 다식틀에 식용유를 바르고, 꽃모양의 색을 맞추어 넣은 후 흑임자 반죽을 다식틀에 꼭
   꼭 채운 후 박아낸다.

Tip
- 흑임자 다식은 오래 빻아 기름을 충분히 뺀 뒤 잘 뭉쳐야 부서지지 않는다.

곶감단지

- **재료** : 곶감(건시) 8개, 호두강정 170g, 대추 140g, 유자청 건지 100g, 꿀 20g, 잣 10g, 계핏가루 2g, 금박가루 약간

만드는 방법

1. 곶감은 꼭지를 떼고 안쪽에 티스푼이나 손가락을 넣어 곶감이 찢어지지 않도록 씨를 뺀다. (씨를 빼는 과정에서 찢어진 곶감은 소를 만들 때 다져 넣는다.)

2. 호두강정, 잣은 다지고, 대추는 씨를 제거한 후에 다진다.

3. 유자청 건지도 다진다.

4. 볼에 다진 호두강정, 잣과 유자청 건지, 다진 대추, 꿀, 계핏가루를 넣고 골고루 버무린다.

5. 버무린 소는 곶감 안쪽부터 꼭꼭 채워 찢어지지 않도록 모양을 만든다.

6. 완성된 곶감 단지 위에 금박가루를 얹는다.

잣곶감

- **재료** : 곶감(건시) 4개, 잣 약간

만드는 방법

1. 오림용 가위로 곶감 꼭지를 떼고, 씨를 제거한 후 꼭지 부분을 중심으로 동글납작한 모양이 되도록 만든다.

2. ①에 폭 1cm 정도에 2/3 정도 가위집을 4회 넣는다.

3. 자른 곶감의 사이를 벌려 고깔 뗀 잣을 하나씩 끼워 끝을 뾰족하게 만든다.

곶감호두말이

- **재료 :** 곶감(건시) 6개, 호두반태 16개

만드는 방법

1. 곶감은 꼭지를 떼고 가위로 옆을 갈라 넓게 편 후 씨를 제거하고 양쪽 끝을 정리한다.

2. 김발 위에 ①을 가지런히 가로로 놓고 위에 호두를 두 쪽씩 마주보게 포개어 올린 다음 돌돌 만다.

3. 돌돌 만 곶감은 랩을 씌워 단단하게 고정시킨 뒤 냉동실에 굳힌다.

4. 굳힌 곶감은 알맞은 크기로 썬다.

Part 3

한과 포장하기

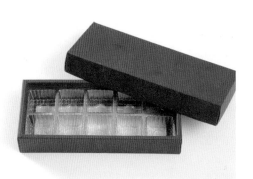
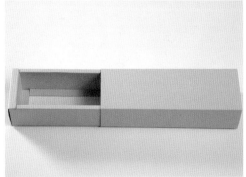

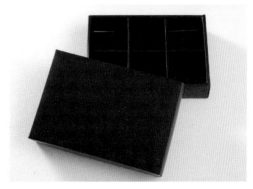

한과 포장하기

음청류

Part 1
음청류 이야기

술을 제외한 기호성 음료를 통틀어 음청류(飮淸類)라고 부른다. 우리나라는 예로부터 깊은 계곡과 샘물로부터 양질의 물을 구할 수 있었다. 이렇게 질 좋은 물을 약수라 하여 그 자체를 즐겼다. 뿐만 아니라 계절에 맞는 과일, 식용꽃 등과 같이 먹음으로써 맛과 영양을 더 좋게 하였다. 제일 먼저 자연에서 채취한 꿀을 타서 마신 것이 바로 감미음료의 시작이었다. 이를 시작으로 자연에서 식재료가 될 수 있는 열매, 나뭇잎, 뿌리, 곡식, 꽃 등 식용 및 약용 재료들을 물과 함께 끓여 우려낸 물을 뜨겁게, 또는 차갑게 마셨다. 계절에 맞는 재료를 활용하여 여름에 시원하게 겨울엔 따뜻하게 마시므로, 더위와 추위를 이겨내는 건강음료였다.

음청류의 역사

한국의 음청류는 전통음료로서 시대에 맞게 변화하였다. 그러므로 음청류의 종류, 형태, 조리법이 매우 다양하다. 예로부터 전통음료는 차, 밀수, 탕, 장, 숙수, 즙 등으로 분류하여 다양한 형태로 존재했다. 또한 일상식, 절식, 제례, 대·소연회식 등에 사용되어 우리 식생활 문화에 깊이 뿌리내렸다.

우리나라의 전통음료에 대한 최초의 기록은 1145년 『삼국사기(三國史記)』에서 찾아볼 수 있다. 『삼국사기(三國史記)』「김유신조」에 의하면, 싸움터에 나가던 김유신은 자기 집 앞을 지나가게 되었으나, 그냥 집을 통과하고 대신에 한 사병에게 심부름을 시켜 집에서 장수를 가져오게 하여 그 맛을 보았다고 한다. 그리고 집의 물맛이 전과 다를 바 없음을 확인하고 안심하여 전장으로 떠났다는 것이다. 여기서 말하는 장수는 신맛이 나는 음료인데, 전분을 함유한 곡류를 젖산 발효시킨 뒤, 맑은 물을 첨가하여 마시는 찬 음료로 여겨지며, 이러한 사실로 미루어 이미 삼국시대에 청량음료가 성행되었음을 알 수 있다.

또한 고려시대는 불교의 번성과 함께 차 문화가 발달하였다. 하지만 조선시대에 이르러 불교의 쇠퇴와 함께 차문화도 많이 쇠퇴하였고, 차 대신 화채, 밀수, 식혜, 수정과 등의 음청류가 발달하였다. 조선시대에 차가 쇠퇴한 이유는 우리나라에서 차나무를 널리 재배하기에 적합하지 않았기 때문으로 여겨진다. 이후에는 음청류에 이용한 향약재가 우리 야산에서 손쉽게 얻을 수 있는 것이 많았으므로 누구나 즐겨먹을 수 있게 되었다.

음청류 분류

분류	설명	종류
차	각종 약재, 과일 등을 가루내거나 말려서 또는 얇게 썰어서 꿀이나 설탕에 재웠다가 끓는 물에 넣거나 직접 물에 넣어서 끓여 마시는 것	구기자차, 유자차, 모과차, 생강차, 국화차, 결명자차, 계피차, 매화차, 오미자차, 감귤차, 대추차 등
화채	여러 종류의 과일과 꽃을 여러 형태로 썰어서 꿀이나 설탕에 재웠다가 그대로 또는 오미자국물이나 설탕물, 꿀물에 띄워서 마시는 것	배숙, 복숭아화채, 배화채, 앵두화채, 딸기화채, 귤화채, 수박화채, 유자화채, 진달래화채, 오미자화채 등
밀수	재료를 꿀물에 타거나 띄워서 마시는 것	떡수단, 보리수단, 원소병, 미수(밀수) 등
식혜	찹쌀을 쪄서 엿기름물을 붓고 삭힌 다음 밥알은 냉수에 헹구어 건져 놓고, 그 물에 설탕과 생강을 넣고 끓여 식힌 다음 밥알을 띄워 만든 것	식혜, 연엽식혜, 안동식혜 등
수정과	생강과 계피를 각각 끓인 물에 설탕을 넣어 달게 한 후 곶감이나 잣을 띄워 시원하게 마시는 것	수정과, 가련수정과, 잡과수정과 등
탕	꽃 말린 것을 물에 담갔다가 마시거나, 과일이나 한약재를 가루로 내어 물에 타서 마시거나, 한약재를 꿀과 함께 끓여 조려서 고(膏)를 만들어 저장했다가 물에 타서 마시는 것	경소탕, 녹운탕, 무록탕, 두구탕, 봉수탕, 백탕 등

분류	설명	종류
장	향약, 과일, 채소, 외무리 등을 꿀, 설탕, 녹말을 푼 물에 침지하여 숙성시키고, 향약재, 과일 등에 꿀이나 설탕을 넣고 조려서 물에 타서 마시는 것	제수, 계장, 여지장, 모과장, 유자장 등
장수	전분질인 밥이나 미음을 유산발효시켜 신맛을 띠게 한 젖산발효음료	『삼국유사』「낙산이대성 관음 정취 조신조」에 호장이라는 말이 나오고, 진성사 효선 쌍미조에 장이라는 기록으로 보아 그 당시 대표적인 음료였음을 알 수 있으나 지금은 없어졌다.
갈수	농축된 과일즙에 한약재를 가루내어 혼합하여 달이거나 한약재에 누룩 등을 넣어 꿀과 함께 달여 마시는 음료	어방갈수, 임금갈수, 포도갈수, 모과갈수, 오미갈수 등
숙수	한약재가루, 꿀, 물을 섞어 밀봉하였다가 마시거나 물에 꽃을 담가서 꽃의 향기를 우려내어 마시는 것. 조선시대부터는 숭늉을 숙수라고 하였음	양간숙수, 자소숙수, 두구숙수, 침향숙수, 정향숙수 등
즙	과일이나 채소를 강판에 갈아 짜서 그 즙을 그대로 마시거나 설탕이나 꿀, 소다수를 넣어 마시는 것	밀감즙, 당근즙, 시금치즙, 양배추즙 등

음청류의 다양한 변신

물은 생명과 직결될 만큼 삶의 중요한 요인이다. 우리 조상은 이러한 물을 보다 건강하고 맛있게 조리하여 먹었음을 알 수 있다. 건강음료에 대한 관심이 많아지는 요즘 지혜가 담긴 전통 음청류야말로 우리에게 가장 건강한 음료라 하겠다.

카페 문화가 발달하고 전통음료에 대한 관심이 많아지면서, 질 좋은 청과 차를 선보이는 곳이 많아졌다. 재료의 유통이 자유로운 이 시대에 보다 다양한 음청류를 선보이고 있다. 서양의 재료를 전통기법으로 청을 만들거나, 전통차에 서양차를 블렌딩함으로써 더욱 다양한 맛을 즐길 수 있게 되었다.

또한 전통 청과 차는 누군가에게 감사의 마음을 표현하는 답례품 등으로도 사랑받고 있다. 많은 이들이 여전히 전통음료의 맛과 멋을 알고 있으며, 이를 나누고자 하는 마음을 갖고 있다.

Part 2
음청류 만들기

식혜

- 재료 : 엿기름 300g, 생강 1톨, 쌀 2컵, 설탕 2컵, 물 15컵
- 고명 : 대추, 잣

만드는 방법

1. 멥쌀을 깨끗이 씻어 고슬고슬하게 밥을 짓는다.
2. 엿기름은 미지근한 물에 풀어 잠시 둔 다음 손으로 조물조물 주물러서 고운체에 걸러 놓는다. 웃물이 맑아질 때까지 두었다가 가만히 웃물만 따라 준비한다.
3. 밥통에 ①과 ②, 설탕 3큰술 정도를 넣고 보온에 5~6시간 정도 밥알이 동동 뜰 때까지 삭힌다.
4. 식혜는 끓여서 밥알을 건져 찬물에 헹구어 놓는다.
5. ④에 설탕과 생강편을 넣고 끓으면 올라오는 거품을 걷어낸다.
6. 대추는 씨를 제거하고 돌돌 말아 썰어 놓는다.
7. 그릇에 담고 밥알과 대추, 잣을 띄운다.

단호박식혜

- 재료 : 단호박 400g, 엿기름 2컵, 물 2~3리터, 멥쌀&찹쌀 400g, 설탕 1.5컵, 생강 2톨

만드는 방법

1. 엿기름가루는 미지근한 물에 담가 불린 후 주물러 고운체에 거르고 웃물이 맑아질 때까지 가라앉힌다.
2. 맑은 물만 따라 놓는다.
3. 쌀은 흐르는 물에 여러 번 씻어 고슬고슬하게 밥을 짓는다.
4. 생강은 편 썰어서 물 3컵을 붓고 1컵이 될 때까지 끓인다.
5. 밥이 다 되면 밥솥에 엿기름물을 붓고 보온으로 5~6시간 정도 삭힌다.
6. 단호박은 껍질을 벗기고 씨를 제거한 뒤 썰어서 물을 붓고 푹 끓여서 갈아놓는다.
7. 밥알이 4~5알 정도 떠오르면 밥솥에서 꺼낸다.
8. 식혜는 끓여서 밥알을 건져내어 냉수에 헹구어 찬물에 담가놓는다.
9. 큰 냄비에 당화된 식혜와 생강물, 단호박을 넣고, 설탕 1.5컵을 넣어 센 불에서 끓어오르면 중간불로 줄여 거품을 걷어가며 10분간 끓인 후 식힌다.
10. 그릇에 담고 밥알을 띄운다.

Tip
- 엿기름물은 가라앉힌 뒤에 사용해야 맑은 식혜를 만들 수 있다.

보리단술

- **재료** : 엿기름 500g, 보리밥 500g, 물 2L, 설탕 적량

만드는 방법

1. 엿기름과 보리밥, 물을 넣고 주물러 30℃에서 2일 정도 당화한다.

2. 부글부글 괴어오르면 조물조물 주물러 거르고 냄비에 넣고 저으면서 끓인다.

3. 끓이는 중간에 기호에 맞게 단맛과 농도를 맞추고 거품을 걷어낸다.

4. 냉장고에 시원하게 보관한다.

허브로즈코디얼

• **재료** : 식용 건장미 20g, 레몬 4개, 설탕 500g, 물 1,000㎖

만드는 방법

1. 레몬은 깨끗하게 세척하여 씨를 제거하면서 슬라이스한다.

2. 물, 슬라이스한 레몬, 설탕을 넣고 20~25분간 끓여준다.

3. 다 끓인 시럽에 장미를 넣고 하루 정도 숙성해 준 다음 거른다.

Tip

• 코디얼(시럽) : 당에 과일을 졸여서 나온 시럽을 모아, 음료나 칵테일 음식에 희석시켜 먹는 것을 말한다.

라벤더레몬코디얼

- **재료** : 건조 라벤더 10g, 레몬 6개, 설탕 600g, 물 1,000㎖

만드는 방법

1. 건조 라벤더, 레몬제스트, 설탕, 물을 넣고 15~20분 정도 끓여준다.

2. 다 끓인 후 체에 밭쳐 거르고 레몬즙을 넣는다.

3. 건조 라벤더 2g씩을 병에 넣고 ②의 코디얼을 넣는다.

4. 2~3일 정도 숙성한다.

비트오렌지코디얼

• **재료** : 비트 200g, 오렌지즙 800g, 황설탕 600g, 물 400g

만드는 방법

1. 비트는 채썬 뒤 물과 함께 끓인다.

2. 오렌지즙을 넣고 5분 정도 더 끓인다.

3. 설탕을 녹여가면서 끓여준 다음 식을 때까지 비트를 담가 놓는다.

4. 비트를 걸러내고 병에 담는다.

레몬청

- **재료 :** 레몬 4개, 설탕 280~300g

만드는 방법

1. 레몬 3개는 슬라이스하여 씨를 제거한다.

2. 레몬 1개로 레몬제스트를 만들고 나머지는 즙으로 준비한다.

3. 슬라이스한 레몬에 설탕과 레몬즙을 넣고 레몬제스트를 섞어서 병에 담는다.

백향과청

· **재료** : 백향과 500g, 설탕 500g, 레몬즙 50g

만드는 방법

1. 백향과와 설탕, 레몬즙을 넣고 섞어준다.

2. 병입하여 2~3일 정도 실온에서 숙성한다.

3. 냉장고에 보관한다.

오미자자몽청

・ **재료** : 자몽과육 및 즙 500g, 오미자청 100g, 백설탕 600g, 건오미자 10g, 레몬즙 1/2컵

만드는 방법

1. 말린 오미자 10g, 레몬즙 1/2컵을 하루 정도 불려 오미자청을 만든다.

2. 자몽은 껍질을 제거하여 알알이 떼어준다.

3. 오미자를 고운체에 걸러낸다.

4. 자몽과육과 자몽즙, 오미자청, 설탕을 섞어준다.

5. 용기에 담아 2~3일 정도 실온에서 숙성하여 냉장고에 보관해 준다.

수정과

- **재료** : 통계피 70g, 대추 20알, 생강 50g, 황설탕 1.5컵, 곶감 3개, 잣 1큰술, 호두(반태) 4개

만드는 방법

1. 통계피는 흐르는 물에 깨끗이 씻은 다음 냄비에 물 6~7컵 정도 붓고 대추와 함께 1시간 정도 끓인다.

2. 생강은 껍질을 벗기고 얇게 썬 다음 끓는 물에 데친다. 데친 생강은 냄비에 물 6~7컵 정도 의 물에 은근히 끓인다.

3. ①과 ②를 면포에 거른 다음 황설탕을 넣고 잠시 끓인다.

4. 곶감은 씨를 제거하고 호두를 넣고 돌돌 말아 곶감쌈을 만든 다음 1cm 두께로 썰어 놓는다.

5. 차게 식힌 수정과에 곶감쌈을 하나 넣고 잣을 띄운다.

Tip
- 생강은 끓는 물에 데쳐 삶는다.
- 생강과 계피는 각각 끓여 혼합한다.

생맥산차

- **재료** : 맥문동 40g, 건인삼 20g, 오미자 20g

만드는 방법

1. 건인삼과 맥문동, 오미자는 물에 씻어서 준비한다.

2. 먼저 손질한 인삼과 맥문동은 2리터 정도의 물을 넣고 30분~1시간 정도 끓인 후 불을 끄고 오미자를 넣어 우려낸다.

3. 잘 우러나면 걸러낸다.

Tip
- 여름에 물 대신 섭취한다.

대추차

• **재료 :** 건대추 300g, 물 4리터, 생강 40g, 꿀 3큰술, 흑설탕 2큰술, 베이킹소다

만드는 방법

1. 대추는 베이킹소다를 넣고 닦은 후 여러 번 깨끗이 헹군다.

2. 생강은 껍질을 벗겨 편으로 썬다.

3. 냄비에 씻은 대추와 생강, 물을 붓고 2~3시간 중약불에서 은근히 끓여준다.

4. 충분히 끓인 대추는 중간체에 내려 씨와 껍질을 분리한다.

5. ④에 설탕을 넣고 끓인 후 꿀을 첨가한다.

쌍화차

- **재료** : 백작약 90g, 숙지황 90g, 당귀 90g, 황기 90g, 천궁 90g, 감초 90g, 생강 90g, 대추 90g, 갈근 90g, 용안육 90g, 진피 90g, 육계 90g, 계지 90g, 흑설탕 60g, 꿀 240g, 물 10.8L

만드는 방법

1. 천궁은 쌀뜨물이나 미지근한 물에 하루 동안 담가 기름기를 제거한다(법제). (급할 때는 뜨거운 물에 2~3시간 담근다.)

2. 숙지황을 제외한 모든 재료를 깨끗이 씻는다.

3. 큰 면포에 준비된 약재 재료를 넣은 뒤 물을 붓고 4~5시간 정도 끓여 달인다.

4. 센 불에서 끓이다 중불에서 재료들이 잘 우러나오도록 푹 끓인다.

5. 절반 정도 졸여지면 면포를 소쿠리에 밭쳐 우린 물을 빼준다.

6. 약재 재료를 재탕할 때 물 양을 절반 넣고 다시 끓여 ④와 함께 섞은 뒤에 끓인다.

Tip

- 냉장 보관 시 2주 내로 소비하며, 냉동하여 사용함
- 천궁은 반드시 법제를 해야 한다.

Part 3

음청류 포장하기

떡제조기능사

떡제조기능사 필기안내

[필기 시험 안내]

• 관리부처 : 식품의약품안전처

• 시행기관 : 한국산업인력공단

• 응시자격 : 제한없음

• 시험과목 : 떡 제조 및 위생관리

• 검정방법 : 객관식 4시 택 1형 60문항/60분

• 합격기준 : 100점 만점에 60점 이상 취득 시(CBT시험)

• 응시방법 : 큐넷(http://q-net.or.kr) 인터넷 접수

• 응시료 : 14,500원

※ 정시시험 원서접수는 한국산업인력공단에서 공고한 접수기간에만 접수가 가능하며, 선착순 방식으로 접수기간 종료 전에 마감될 수도 있음

Part 1
떡제조기능사 이론

Chapter 1 **떡제조 기초이론**

1. 떡류 제조의 재료

구분	종류
주재료	• 멥쌀, 찹쌀
부재료	• 콩, 팥, 밤, 대추, 쑥, 모싯잎, 단호박 등 • 겉고물용 : 콩고물, 팥고물, 녹두고물, 동부고물, 참깨 등
감미료	• 설탕, 물엿, 꿀, 조청 등
발색제	• 오미자, 백년초, 비트, 치자, 단호박, 쑥, 자색고구마 등
향료	• 계피, 유자 등

1) 주재료 특성_ 곡류

(1) 쌀

특성	• 탄수화물이 많고 단백질, 지방, 수분함량이 적어 저장성이 높음 • 벼는 겨(외피), 배아, 배유로 구성 • 현미는 벼에서 왕겨층을 제거한 형태(영양가↑ 소화율↓) • 백미는 쌀겨층을 제거하고 배유만 남은 것(영양가↓ 소화율↑)
종류	**일본형(자포니카형)** • 형태 : 단립종, 원립종 • 특성 : 길이가 짧고 둥글며, 밥을 지었을 때 끈기가 있음 **인도형(인디카형)** • 형태 : 장립종 • 특성 : 가늘고 길며, 밥을 지었을 때 끈기가 없고 단단한 식감

종류	**자바형(자바니카형)** • 형태 : 일본형과 인도형의 중간형태 • 특성 : 밥을 지었을 때 끈기가 적은 편
구분	**멥쌀** • 아밀로오스 20~25%, 아밀로펙틴 75~80% • 요오드 정색반응 : 청색 • 체로 여러 번 치는 것이 떡을 만드는 데 유리 • 물에 불리면 약 1.2배 무게 증가 **찹쌀** • 아밀로펙틴 100% • 요오드 정색반응 : 적색 • 체로 치지 않고 사용 • 물에 불리면 약 1.4배 무게 증가
떡류	• 멥쌀 : 설기, 절편, 송편, 켜떡, 가래떡 등 • 찹쌀 : 인절미, 경단, 단자, 화전 등

* 쌀을 불릴 때 영향을 주는 요인: 쌀의 상태(품종, 저장기간), 물의 온도, 수침시간 등

(2) 보리

특성	• 보리는 쌀보리와 겉보리로 분류 • 호르데인(hordein) : 보리의 주된 단백질(10% 함유) • 보리의 식이섬유인 "β-글루칸" 함유로 콜레스테롤 저하 및 변비 예방 • 맥아 또는 엿기름가루는 보릿가루로 양조(술), 엿 등의 제조에 사용
구분	**압맥** • 보리쌀을 기계로 눌러 단단한 조직을 파괴하여 가공(소화율↑) **할맥** • 보리쌀을 2등분으로 분쇄하여 가공(섬유소 함량↓, 소화율↑)

(3) 밀

특성	• 밀단백질 글루텐(gluten)은 글루테닌(glutenin)과 글리아딘(gliadin)으로 구성 • 글루텐 형성요인 : 소금, 달걀, 우유, 물 등 • 글루텐 저해요인 : 설탕, 지방(버터, 마가린 등)
구분	**강력분** • 글루텐 함량 13% 이상 • 식빵, 마카로니, 파스타 등 **중력분** • 글루텐 함량 10% 이상 13% 미만 • 면류(국수), 만두피 등

구분	박력분
	• 글루텐 함량 10% 미만
	• 케이크, 쿠키, 튀김옷, 카스텔라 등
떡류	• 밀쌈, 백숙병(白熟餠), 상화병(霜花餠) 등

(4) 메밀

특성	• 춥고 기름지지 않은 땅에서 자라는 메밀은, 루틴(Rutin)성분이 함유
	• 아밀로오스 100%
	• 껍질을 제거한 후 알맹이만 곱게 갈아서 사용(성인병 예방)
떡류	• 메밀총떡, 메밀빙떡, 메밀주악 등

(5) 조

특성	• 탄수화물은 주로 전분 형태
	• 단백질 중 프롤라민이 많고 소화율이 좋은 편
	• 높은 칼슘 함량
구분	메조
	• 차조에 비해 단백질, 지방 함량이 낮음
	• 죽, 단자 등 이용(쌀이나 보리 혼식용)
	차조
	• 메조에 비해 단백질, 지방 함량이 높음
	• 밥, 엿, 떡에 이용(민속주의 원료)
떡류	• 오메기떡, 조침떡 등

(6) 수수

특성	• 수수의 외피는 단단하고 탄닌(tannin)을 함유
	• 많은 탄닌 함유량으로 떫은맛이 있으므로 물에 불린 다음 세게 문질러 여러 번 헹구어 사용
구분	메수수
	• 단백질, 지방 함량 ↑
	차수수
	• 단백질, 지방 함량 ↓
떡류	• 수수개떡, 수수부꾸미, 수수경단, 수수팥떡 등

(7) 옥수수

특성	• 탄수화물(전분), 단백질(제인)로 구성 • 찰옥수수는 아밀로펙틴 100%로 구성
떡류	• 옥수수설기 등

2) 주재료(전분)의 조리원리

(1) 전분의 호화(α화)

곡류에 물을 넣고 가열하면 70~75℃ 정도가 될 때, 전분입자가 팽윤되며 투명해지고 부드럽게 연화되는 현상

영향을 주는 요소	• 가열온도가 높을수록 호화 ↑ • 전분입자가 클수록 호화 ↑ • 수침시간이 길수록 호화 ↑ • pH가 알칼리성일 때 호화 ↑ • 소금, 산 첨가 시 호화 ↓

(2) 전분의 노화(β화)

호화된 전분을 공기 중에 방치하여 수분 증발 등의 원인으로 불투명해지고 단단하게 변하는 현상

영향을 주는 요소	• 아밀로오스 함량이 많을 때 노화↑ • 온도가 0~5℃일 때(냉장온도) 노화↑ • 수분함량 30~60%일 때 노화↑ • 다량의 수소이온 노화↑
노화를 억제하는 요소	• 수분함량을 15% 이하로 유지 • 온도가 80℃ 이상(급속건조)이거나 0℃ 이하 온도(급속냉동) 유지 시 • 환원제, 유화제 첨가 • 설탕 다량 첨가

(3) 전분의 호정화(덱스트린화)

전분(화)에 물을 가하지 않고 160~180℃로 가열했을 때 가용성 전분을 거쳐 덱스트린(호정)으로 분해되는 반응

종류	• 미숫가루, 팝콘, 뻥튀기, 토스트 등

(4) 전분의 겔화

호화전분을 냉각시키면 단단하게 굳는 현상

특징	• 녹두, 도토리, 메밀 등의 아밀로오스 함량이 높을수록 겔화가 잘됨

(5) 전분의 당화

전분에 산이나 효소를 적용시키면 가수분해되어 단맛이 증가하는 과정

종류	• 식혜, 조청, 물엿 등

3) 부재료의 종류 및 특성

혼합형	특성	• 곡류가루와 혼합하여 사용
	종류	• 콩류, 팥, 밤, 대추, 호두, 은행 등
고물	특징	• 떡의 맛과 색을 돋보이게 하거나 떡의 노화 지연
	겉고물용	• 콩고물, 녹두고물, 동부고물, 깨고물, 대추채 등
	속고물용	• 앙금류, 볶은 깨 등
고명	특징	• 음식의 모양과 빛깔을 돋보이게 하고 음식의 맛을 더함 • 대추, 밤, 식용꽃 등을 이용하여 만듦
	종류	• 진달래꽃, 매화꽃, 대추, 밤, 석이버섯, 호두, 콩, 잣 등

(1) 떡의 색을 내는 재료(발색제)

떡에 색을 부여하는 재료로 일반적으로 쌀의 무게에 대하여 2% 정도 필요

색	발색제 종류
붉은색	• 백년초, 오미자, 비트, 딸기 등
주황색	• 파프리카가루 등
노란색	• 치자, 단호박, 울금, 송화 등
녹색	• 쑥, 녹차, 연잎 등
보라색	• 자색고구마, 오디 등
검정색	• 흑임자, 석이버섯 등
갈색	• 계피, 감, 도토리 등

(2) 떡의 맛과 향을 내는 재료(감미료, 향료)

① 감미료

단맛을 내며, 보습, 방부, 광택 등의 역할을 함

종류	특성
백설탕	• 감미 100으로 감미의 표준물질
황·흑설탕	• 색을 진하게 하기 위해 약식이나 수정과 등에 사용
꿀	• 점성이 큰 편으로 꿀을 계량할 때 용기에 물을 묻힌 후 계량 • 과당을 많이 함유해 결정이 생기지 않고 액상으로 존재
물엿	• 옥수수전분에 묽은 산이나 효소를 가하여 가수분해한 것으로 덱스트린, 맥아당, 포도당의 혼합물
조청	• 여러 가지 곡류의 전분을 맥아로 당화시킨 후, 오랫동안 가열하여 농축한 형태

② 향료

- 떡에 향을 더하는 역할을 함
- 종류 : 계피, 유자 등

2. 떡의 분류 및 제조도구

1) 떡의 종류

(1) 찌는 떡(증병, 甑餠, 蒸餠)

설기떡, 켜떡, 빚는떡, 모양을 잡아가며 찌는 떡, 발효떡, 약식, 산과병

(2) 치는 떡(도병, 搗餠)

절편, 인절미, 가래떡, 개피떡, 단자류

(3) 지지는 떡(유전병, 油煎餠)

화전, 부꾸미, 주악, 산승

(4) 삶는 떡(경단, 瓊團)

찹쌀가루를 익반죽하여 끓는 물에 삶아낸 떡. 수수경단, 각색 경단, 단자류

2) 떡을 만드는 도구 · 장비 종류 및 용도

(1) 도정 및 분쇄도구

종류	설명
맷돌	• 곡물의 껍질을 벗기거나 가루로 만들 때 사용 • 중앙에 곡식을 넣는 구멍이 있고 손으로 잡고 돌리는 어처구니(맷손)가 있음
조리	• 물에 불린 쌀을 일어 돌(불순물)을 골라내는 도구
방아	• 곡물을 넣어 찧거나 빻아 곱게 가는 도구
키	• 곡식에 섞여 있는 이물질(까불러 겨, 티끌, 뉘 등)을 골라낼 때 쓰는 도구
절구와 절굿공이	• 떡가루를 만들거나 떡을 칠 때 쓰이는 기구 • 통나무나 돌 속을 파내어 절구를 만듦

(2) 익히는 도구

종류	설명
번철	• 솥뚜껑을 뒤집은 듯한 모양으로 지지는 떡을 만들 때 사용
시루	• 떡을 찔 때 사용하는 도구 • 바닥에 작은 구멍이 여러 개 뚫려 있어 쌀이나 떡을 찔 때 유용 • 시루를 솥에 안칠 때 김이 새지 않도록 바르는 반죽을 시루번이라고 함

(3) 성형 및 모양내기 도구

종류	설명
안반	• 흰떡이나 인절미 등을 이는 데 쓰이는 받침
떡메	• 떡을 치는 도구
떡살	• 절편 등 떡에 문양을 찍는 도구
편칼	• 인절미, 절편 등을 썰기 위한 조리용 칼
밀방망이, 밀판	• 개피떡을 만들 때 떡반죽을 넓게 밀기 위한 도구

(4) 기타

종류	설명
이남박	• 안쪽 면에 여러 줄의 골이 파여 있어 쌀 등을 씻을 때나 이물질을 골라내는 데 유리
체	• 곡물가루를 곱게 내릴 때 사용하는 도구
채반, 소쿠리	• 재료를 넣어 말리거나 물기를 뺄 때 사용하는 도구

(5) 현대식 도구

종류	설명
대나무 찜기	• 대나무로 된 찜기로 가볍고 크기가 다양하여 떡을 찌기에 편리
곡류분쇄기(롤밀)	• 두개 또는 그 이상의 틀이 서로 반대 방향으로 회전하면서 원료가 롤에 의한 찰리작용에 의해 입자가 작아지는 장치 • 대표적으로 불린 쌀을 분쇄하는 기계
제병기	• 가래떡, 떡볶이떡, 절편등을 뽑아내는 현대식 기계
펀칭기	• 인절미, 바람떡, 찹쌀떡 등 떡반죽을 대량으로 치댈 때 사용하는 기계
스테인리스틀	• 고명을 모양내어 자르거나 다양한 모양의 떡을 찔 때 사용하는 도구
스크레퍼	• 쌀가루 윗면을 편편하게 하거나 떡을 자를 때 사용
사각틀	• 구름떡 등의 찰떡을 굳히거나 떡의 모양을 네모로 만들 때 사용

3. 떡류 만들기

1) 재료 준비

(1) 계량도구

종류	설명
저울	• 무게를 측정하는 기구로 g, kg으로 표시 • 저울을 사용할 때는 평평한 곳에 수평으로 놓고 지시침을 '0'에 고정
계량컵	• 부피를 측정하는 데 사용 • 미국 등 외국 : 1컵 = 240ml, 한국 : 1컵 = 200ml
계량스푼	• 양념 등의 부피를 측정하는 데 사용 • 큰술(1T = 15cc), 작은술(1t = 5cc)로 구분

(2) 계량방법

종류	설명
가루식품	• 덩어리가 없는 상태에서 누르지 않고 수북이 담아 편편한 것으로 고르게 밀어 표면이 편편하게 되도록 깎아서 계량 • 부피보다 무게를 계량하는 것이 정확 • 밀가루, 쌀가루 등
액체식품	• 계량컵이나 계량스푼에 가득 채워 계량 • 정확한 방법으로 투명한 계량컵의 눈금과 액체의 밑선을 눈과 수평으로 맞추어 계량(메니스커스)
고체식품	• 계량컵이나 계량스푼에 빈 공간이 없도록 채워 표면을 편편하게 깎아 계량 • 흑설탕 : 끈적이는 성질이 있어 고체식품과 같이 계량

알갱이 상태의 식품	• 계량컵이나 계량스푼에 가득 담은 뒤 살짝 흔들어 공간을 메워서 표면이 편편 하게 되도록 깎아 계량
농도가 있는 식품	• 계량컵이나 계량스푼에 꾹꾹 눌러 담아 평평한 것으로 고르게 밀어 표면이 편편 해지도록 깎아 계량 • 양금, 고추장 등

(3) 계량단위

표기형식1	표기형식2	표기형식3	계량스푼 양	mL(cc) 변환	g 변환	g 변환
1컵	1 Cup	1C	약 13큰술 + 1작은술	물 200mL	물 200g	
1큰술	1 Table spoon	1Ts	3작은술	물 15mL	물 15g	
1작은술	1 table spoon	1ts		물 5mL	물 5g	
1홉					160g	
1되	10홉					1.6kg
1말	10되					16kg

(4) 재료 전처리

종류	전처리
멥쌀, 찹쌀	• 깨끗이 씻어 불린 후 8~12시간 정도 불린 후 체에 밭쳐 30분간 물기 제거 • 여름 4~5시간, 겨울 7~8시간/일반적으로 8~12시간
현미, 흑미	• 미강 부분이 남아 있어 멥쌀이나 찹쌀보다 오랜 시간 불림 • 3~4시간에 한번씩 물을 바꿔주면서 12~24시간 이상 불린 후 체에 밭쳐 30분 간 물기 제거
콩	• 물에 2~3번 헹궈 2시간 이상 물에 불려 15분 정도 삶아 사용
거피팥, 거피녹두	• 물에 씻어 6시간 이상 물에 불리고 손으로 비벼 껍질을 제거한 뒤 찜통에 찌 거나 삶아 사용
팥	• 깨끗하게 씻어 처음 팥 삶은 물을 버리고, 다시 물을 받아 완전히 삶아 사용
대추	• 마른행주나 꼭 짠 젖은 면포를 이용하여 닦고 돌려깎아서 씨를 제거하고 사용 • 채썰거나 토막내서 사용
호박고지	• 물에 가볍게 씻고 미지근한 물에 10분정도 불린 후 물기를 짜고 원하는 크기 로 썰어 사용
잣	• 고깔을 제거하여 사용 • 비늘잣을 만들거나, 한지나 종이 위에 올려놓고 칼날로 곱게 다져 사용
치자	• 가볍게 씻어 치자를 깨서 물에 우려 사용

석이	• 미지근한 물에 불려 이끼와 돌기를 제거하고 사용	
쑥	• 줄기부분은 제거하고 끓는 물에 소금을 넣어 데치고 찬물에 헹궈 물기를 제거한 후 사용 • 쑥설기나 쑥버무리를 할 때는 데치지 않음	
오미자	• 물에 우려서 사용	

2) 고물 준비

분류	종류	설명
삶는 고물	붉은팥(적두)	• 콩보다 작고 붉어 적두, 소두, 홍두 등으로 불림 • 팥을 불리지 않고 그대로 삶고, 소다를 넣으면 색은 진해지나 수용성 비타민(비타민 B_1) 파괴 • 삶은 팥은 뜨거운 김을 날린 후 소금을 넣고 절구에 빻아 사용
찌는 고물	녹두	• 녹색을 띠는 콩이라 하여 녹두라고 불림 • 칼슘, 비타민 K, 비타민 E가 다량 함유 • 녹색빛이 진하고 갈색 낱알이 섞여 있는 것이 좋음 • 껍질이 벗겨지지 않은 녹두는 미지근한 물에 8시간 이상 불려, 손으로 비벼 껍질을 제거한 뒤 익힘 • 김이 오른 찜통에 찌거나 삶아 익힌 후 소금을 넣은 후 절구로 빻아 굵은체에 내려 사용
	흰 팥고물	• 거피팥, 동부 등으로 만든 고물 • 주로 편, 인절미, 경단의 겉고물과 단자, 경단, 송편, 개피떡, 부꾸미, 찹쌀떡 등의 속고물로 사용 • 미지근한 물에 8시간 이상 불려 손으로 비벼 껍질을 제거하여 익힘 • 김이 오른 찜통에 40분 정도 푹 쪄내고, 소금 넣은 후 절구로 빻아 굵은체에 내려 사용
볶는 고물	콩고물	• 깨끗한 것을 골라 씻어 물을 뺀 후 타지 않게 볶아 냉각한 후, 소금 넣고 빻아 고운체에 내려 사용 • 주로 인절미, 경단, 다식을 만드는 데 사용
	깨고물	• 흰깨와 검은깨 모두 사용 • 주로 편, 인절미, 경단의 겉고물로 사용 • 음식이 상하기 쉬운 여름철에 사용하기 좋음

그 외 고물	대추채	• 대추는 면포로 표면을 닦아 사용하거나 많은 양의 대추는 가볍게 씻어 면포로 물기를 닦아 사용 • 얇게 돌려깎아 채썬 뒤 살짝 쪄서 사용 • 대추단자, 색단자, 경단 등에 사용
	밤채	• 겉껍질, 속껍질을 깨끗이 벗긴 후 얇게 채썰어 사용 • 수분이 많은 밤은 쉽게 부서지므로 설탕물에 담가두었다 건조시켜 사용 • 삼색편 등의 고명으로 사용
	석이채	• 미지근한 물에 담갔다가 손으로 비벼 안쪽 막을 완전히 벗긴 후, 가운데 돌기를 떼어낸 다음 곱게 채썰어 사용 • 각색 편과 단자, 증편 등의 고물로 사용
	잣고물	• 고깔을 떼어내고 마른 면포로 닦은 후 한지나 종이 위에 잣을 올려 놓고 기름을 뺀 후 칼날로 곱게 다져 사용 • 한과나 단자의 겉고물로 사용

3) 떡류 만들기

(1) 찌는 떡(증병)

① 설기떡의 종류 및 특징

　－ 멥쌀가루만으로 또는 부재료를 혼합하여 찌는 떡으로 찌는 떡의 대표적인 떡 (무리떡이라고도 지칭)

　－ 종류 : 백설기, 콩설기, 팥설기, 모둠설기, 호박설기, 쑥설기, 녹차설기 등

② 켜떡의 종류 및 특징

찹쌀과 멥쌀에 두류, 채소류 등 다양한 부재료를 켜켜이 넣고 안쳐 찌는 떡(쌀가루를 시루에 안쳐 증기로 쪄내는 '시루떡'의 한 종류)

　－ 종류 : 팥고물시루떡, 물호박떡 등

(2) 치는 떡(도병)

찹쌀이나 멥쌀을 가루 내어 시루에 찐 다음 절구나 안반 등에 끈기 나게 친 떡

종류	설명
인절미	• 찹쌀로 지은 밥을 쪄서 이를 안반에 놓고 떡메로 친 뒤에 적당한 크기로 썰어 고물을 묻힌 떡 • 인병, 은절병, 절병 등이라고도 함 • 제조과정 : 쌀 씻기 → 불리기 → 물 빼기 → 빻기 → 시루 안치기 → 찌기 → 뜸들이기 → 펀칭기로 치기 → 성형 → 고물
가래떡류	• 흰떡이라고도 불림 • 종류 : 가래떡, 떡국떡, 절편, 조랭이떡 등 • 제조과정 : 쌀가루 → 찌기 → 성형 → 냉각 → 절단 → 냉장 건조 → 주정 처리 → 계량 → 포장 → 보관

* 펀칭 공정을 거치는 치는 떡은 시루에 찌는 떡보다 노화가 더디게 진행

* 가래떡을 하루 정도 말려 동그랗게 썰면 떡국용 떡이 됨

(3) 빚는 떡

찹쌀가루나 멥쌀가루를 반죽하여 모양을 빚어 만드는 떡

- 빚어 찌는 떡 : 오려송편, 노비송편, 오색잔치송편

- 빚어 삶는 떡 : 경단 단자

(4) 지지는 떡

주로 찹쌀가루를 익반죽하여 모양을 빚어 기름에 지지는 떡

- 종류 : 화전, 주악, 부꾸미 등

(5) 기타 떡류(약식, 증편 등)

① 약식(약밥)

특징	• 정월대보름에 먹는 대표적인 절식으로 우리나라 말에 꿀을 '약(藥)'이라 하기 때문에 꿀을 넣어 만들어 약밥이라 불림 • 무병장수와 풍요를 기원하는 마음을 담고 있음 • 찹쌀을 1차로 찐 후 부재료와 양념을 넣고 2차로 찜
양념 (캐러멜 소스) 제조	• 설탕과 물을 넣고 끓임(젓지 않고 끓임) • 설탕이 갈색으로 변하면 불을 끄고 물엿을 혼합 • 170~190℃에서 갈색으로 변함

② 증편

특징	• 막걸리를 이용하여 발효시킨 후 쪄낸 떡 • 우리나라의 대표적인 여름떡으로 발효 중 생성된 유기산에 의해 신맛과 단맛이 남 • 부드러운 질감에 의해 소화가 잘되므로 노인 및 환자식으로 활용하기도 함

4) 떡류 포장 및 보관

(1) 떡류 포장 및 보관 시 주의사항

① 포장 기능

- 위생성, 보존 용이성(노화지연), 보호 및 안전성, 간편성, 상품성, 정보성

② 떡 포장 시 주의사항

- 수분함량이 많은 떡은 쉽게 변질(노화 등)되므로 김이 빠진 후에 포장

- 수분 차단성이 높은 포장지를 사용

- 겉면이 마르지 않도록 공기를 차단하여 식히도록 유의

- 포장지에 제품명, 식품 유형 등의 정보를 반드시 표기 (식품 등의 표기 · 광고
  에 관한 법률에 의거)

③ 떡 보관방법

- 진열 전 서늘하고 빛이 들지 않는 곳에서 보관

- 당일 제조 및 판매 물량만 확보하여 판매

- 여름철 상온에 24시간 이상 보관하지 않도록 유의

- 하루 이상 보관 시 냉동 보관

(2) 떡류 포장 재료

① 포장재 구비조건

- 위생성, 안전성, 보호성, 상품성, 경제성, 간편성 등

② 포장 재질

종류	설명
폴리에틸렌(PE)	• 인체 무해 • 수분 차단성이 좋아 식품 포장용으로 많이 사용(내수성 좋음)
폴리프로필렌(PP)	• 비교적 안전한 소재로 비닐포장지에 많이 사용 • 투명도가 높고 기름기와 방습성이 좋아 도넛, 쿠키 등에 많이 사용
폴리스티렌(PS)	• 투명하고 형상을 만들기 쉬워 1회용 컵, 과자상자 속포장 용기로 사용 • 가격이 저렴한 편
종이	• 간편하고 경제적 • 내수성, 내습성이 약하나 친환경적 포장용기
금속	• 가장 안전하고 오래 보관 가능
유리	• 투명하며 가열살균이 가능 • 파손우려 있으며 무거운 편
아밀로스 필름	• 물에 녹지 않으며 신축성이 좋음
알루미늄박	• 자외선에 의해 변질될 우려 있는 식품 보관 용이

(3) 떡류 포장용기 표시사항

– 제품명, 식품유형, 업소명 및 소재지, 소비기한, 원재료명, 용기 및 포장재질, 품목보고번호, 성분명 및 함량, 보관방법, 반품 및 교환

Chapter 2 **떡의 역사**

1. 떡의 정의

곡식을 가루 내어 물과 반죽하여 찌거나, 쪄서 치거나, 삶거나, 지져서 만든 음식을 통틀어 이르는 말

2. 떡의 어원

'찌다'의 동사에서 명사가 되어 찌기 → 떼기 → 떠기 → 떡

떡을 뜻하는 한자	• 병(餠 떡 병), 고(糕 떡 고), 이(餌 먹이 이), 편(片 조각 편, 䭏 떡 편), 자(瓷 오지 그릇 자)

3. 시대별 떡의 역사

삼국시대 이전 (삼고시대)	• 청동기 시대 : 유적지에서 시루와 연석이나 돌확(확돌)이 출토된 것으로 보아, 곡식을 쪄서 먹은 것으로 유추
삼국시대와 통일신라시대	• 본격적인 농경시대가 전개되면서 쌀을 중심으로 곡물의 생산량이 증대되어 쌀 외의 곡물을 이용한 떡도 다양 • 『삼국사기』 "떡을 깨물어 치아 수를 확인" : 깨물어 잇자국이 선명하게 나는 떡 으로 흰떡이나 절편류로 추정 • 『삼국사기』 "이웃에서는 떡을 찧느라 쿵덕쿵덕 방아소리가 들리는데" : 떡메로 치는 방식으로 만든 흰떡이나 인절미, 절편류로 추정 • 『삼국유사』 "세시마다 술, 감주, 떡, 밥, 차, 과실 등 여러 가지를 갖추어 제사" : 제사음식으로 떡이 쓰임 • 『삼국유사』 "약식의 유래" : 목숨을 살려준 까마귀에 대한 보은으로 만들었음
고려시대	• 불교의 번성으로 떡이 발달하며, 하나의 별식으로 즐기는 풍속 • 중국인 견문록 『해동역사』, 원나라 기록 『거가필용』 : 고려인들은 밤설기인 율고 를 잘 만든다고 기록돼 있음 • 『지봉유설』 "고려에는 상사일(삼짓날, 음력 3월 3일)에 청애병(쑥떡)을 으뜸가는 음식으로 삼았다" : 절식음식으로 떡을 사용 • 『고려가요』 "쌍화점" 최초의 떡집 : 밀가루를 부풀려 소를 넣고 찐 증편류 • 『목은집』 "차수수로 전병을 부쳐 팥소를 싸서 만든 찰전병" "찰기장으로 만든 송 편" : 절기음식으로 사용

조선시대	• 농업기술과 조리기술의 발달로 식문화 향상
	• 혼례, 빈례, 재례 등 각종 행사에 필수적 음식으로 자리 잡음
	• 『도문대작』 : 가장 오래된 우리나라 식품전문서(자병 등 19종류의 떡 기록)
	• 『음식다미방』 : 우리나라 최초 한글 조리서(석이편법, 밤설기법, 전화법, 증편법
	등 8가지 떡 만드는 방법 수록)
	  – 석이편법 : 잣을 반 갈라 비늘잣을 만든 후 고명으로 사용
	• 『규합총서』 백설기, 혼돈병, 신과병, 도행병, 서여향병, 밤조악 등 27종의 떡이
	름과 만드는 법 기록
	  – 석탄병 : "맛이 차마 삼키기 안타까운 떡"으로 감가루를 이용
	  – 도행병 : 복숭아와 살구로 만드는 떡

근대 · 현대 이후	• 한일병합, 일제강점기, 6.25전쟁 등으로 서양빵에 의해 밀려남 • 중요 행사, 제사, 명절 등에 빠지지 않고 차려지는 음식 • 다양한 식재료와 조리법으로 떡의 종류가 다양해짐

1. 시식 · 절식으로서의 떡

- 시식 : 계절음식

- 절식 : 다달이 먹는 명절음식

정월초하루 (설날, 음력 1월 1일)	• 첨세병 : 흰떡을 만들어 떡국을 끓여 차례상에 올리고 온가족이 함께 한 그릇씩 먹는 것으로 나이를 한 살 더 먹는다고 여김 • 가래떡(흰떡), 인절미, 약식
정월대보름 (음력 1월 15일)	• 약식을 절식으로 즐김 • 『삼국유사』 신라 21대 소지왕 때 까마귀가 금갑을 쏘게 하여 왕의 목숨을 살려준 보은에서 유래됨
초하룻날 중화절 (음력 2월 1일)	• 노비송편(삭일송편) : 송편을 쪄 집에서 일을 하는 종들에게 나이 수대로 나누어줌으로써 농사일이 시작되는 절기에 노비들을 격려
삼짇날 (음력 3월 3일)	• 진달래화전(두견화전), 절편 • 봄의 대표적인 절식
한식 (음력 4월 6일)	• 어린 쑥을 뜯어 절편이나 쑥단자를 만들어 먹음
석가탄신일 (초파일 음력 4월 8일)	• 느티떡(유엽병), 장미화전
단오 (음력 5월 5일)	• 차륜병(수리취떡), 거피팥시루떡, 도행병(복숭아와 살구를 이용한 떡)
유월 유두 (음력 6월 15일)	• 상화병(밀가루를 막걸리로 발효시켜 통깨, 팥소를 넣고 둥글게 빚은 떡), 밀전병, 보리수단
칠석날 (심복 음력 7월 7일)	• 여름에 쉽게 상하지 않는 증편, 주악, 백설기를 주로 먹음
추석 (한가위 음력 8월 15일)	• 바로 수확한 햅쌀로 시루떡과 송편을 빚어 조상께 제사
중양절 (중구절 음력 9월 9일)	• 국화주를 마시고 화전인 국화전을 만들어 먹음
10월 상달	• 무시루떡, 붉은팥 시루떡, 애단자 • 집안을 지켜준 가신에게 바치는 풍속이 있음
동지 (음력 11월)	• 찹쌀경단(팥죽) • 낮의 길이가 가장 짧고 밤의 길이가 가장 긴 날로, 팥죽의 새알심을 나이 만큼 넣어 먹음
섣달그믐 (음력 12월 31일)	• 골무병 • 한 해 동안 무사히 지내도록 도움을 준 천지만물의 신령과 조상들에게 감사하는 마음으로 제사를 지냄

2. 통과의례 떡

1) 출생, 백일, 첫돌 떡의 종류 및 의미

삼칠일	• 아이가 태어난 지 21일 되는 달(아이가 삼칠일이 되도록 무사히 자란 것을 기념) • 백설기 : 아이와 산모를 산신의 보호 아래 둔다는 의미
백일	• 백(100)이라는 숫자는 완성을 뜻하며 아이가 무사히 넘기게 되었음을 축하하고 축복하는 의미 • 백설기(무병장수), 팥수수경단(액막이), 오색송편(만물과 조화)
첫돌	• 아이의 장수복록을 기원하며 의복을 만들어 입히고 돌상을 차림 • 백설기(무병장수), 붉은 찰수수경단(액막이), 오색송편(만물과 조화), 인절미(끈기있는 사람으로 성장), 무지개떡(조화로운 사람으로 성장)

2) 책례떡의 종류 및 의미

어려운 책을 한 권씩 뗄 때마다 축하하고 앞으로 더욱 정진하라는 격려의 의미로 행하는 의례

책례떡	• 속이 꽉 찬 송편 : 학문적으로 이룬 성과를 뜻함 • 속이 빈 송편 : 자만하지 말고 겸손을 기원 • 떡 이외에도 떡국, 국수장국 등 다른 음식들도 만들어 선생님, 이웃들과 나누어 먹음

3) 성년례, 혼례떡의 종류 및 의미

성년례	• 아이가 나이가 들어 어른이 되었음을 축하하는 의례
혼례	• 남녀가 만나 부부가 되기 위해 올리는 의례 • 봉채떡(봉치떡, 함떡) : 납폐의식에서 혼서와 채단이 담긴 함을 받기 위하여 신부집에서 만드는 떡으로 부부 금실과 자손 번창을 의미 　－ 찹쌀 : 부부의 금실이 찰떡처럼 화복하라는 뜻 　－ 2켜의 떡 : 부부 한쌍을 상징 　－ 대추와 밤 : 자손의 번창 • 달떡 : 둥글게 빚은 흰 달떡은 부부가 세상을 보름달처럼 밝게 비추고 서로 둥글게 채워가기를 기원 • 색떡 : 한쌍의 부부를 의미

4) 회갑떡의 종류 및 의미

만 60세의 생일을 축하

회갑	• 화전이나 주악, 단자, 부꾸미 등을 웃기로 장식

5) 제례떡(제사떡)의 종류 및 의미

제례	• 고인을 추모하기 위해 자손들이 올리는 의례 • 편류(녹두고물편, 꿀편, 거피팥고물편, 흑임자고물편) 등을 층층이 괸 후 그 위에 주악이나 단자를 웃기떡으로 올림 • 제례에는 조상신을 모셔오는 의례이므로 붉은색 떡은 사용하지 않음

Chapter 4 향토떡

지역	특징	떡의 종류
서울 경기	떡의 종류가 많고 모양이 화려함	느티떡, 여주산병, 두텁떡, 개성조랭이떡, 개성주악, 색떡 등
강원도	산과 바다가 공존하는 지역으로 재료가 다양하여 떡의 종류가 많은 편	감자시루떡, 감자송편, 옥수수시루떡, 옥수수설기, 메밀전병 등
충청도	양반과 서민의 떡이 구분됨	증편, 해장떡, 쇠머리떡, 곤떡, 수수팥떡, 장떡, 호박송편 등
전라도	곡식이 많이 생산되어 떡이 사치스럽고 맛이 좋음	꽃송편, 콩대기떡, 감시루떡, 감단자, 깨시루떡, 보리떡 등
경상도	지역별 특색있는 떡이 많음	모싯잎송편, 쑥굴레, 잣구리, 만경떡, 결명자떡 등
제주도	쌀보다 잡곡이 흔하여 잡곡을 이용한 떡이 많으며 쌀떡은 제사 때만 썼음	오메기떡, 빙떡, 달떡, 뼈대기떡 등
함경도	콩, 조, 강냉이, 수수, 피의 품질이 좋으므로 이를 이용해 떡을 만듦	언감자송편, 가랍떡, 콩떡, 깻잎떡 등
평안도	다른 지방에 비해 매우 큼직하고 소담한 편	조개송편, 장떡, 강냉이쌀무떡, 송기떡 등
황해도	조를 떡의 재료로 많이 사용	혼인인절미, 오쟁이떡, 큰송편 등

Chapter 5

기출문제 1회

01 다음 중 떡의 어원에 대한 설명으로 틀린 것은?

① 찌다 → 찌기 → 떼기 → 떠기 → 떡
② 죽이 굳은 촉감의 '딱딱'과 '먹다'가 합성되어 떡이 되었다.
③ '나누어 먹으며 덕을 베푼다'라는 말에서 나온 말이다.
④ '죽처럼 떠서 먹다'에서 떡이 되었다.

02 바이러스에 의한 감염이 아닌 것은?

① 폴리오
② 인플루엔자
③ 장티푸스
④ 유행성 감염

03 경단을 삶을 때와 식힐 때 사용하는 물을 순서대로 잘 적은 것은?

① 끓는 물, 미지근한 물
② 끓는 물, 찬물
③ 찬물, 끓는 물
④ 찬물, 찬물

04 찰떡류 제조에 대한 설명으로 옳은 것은?

① 불린 찹쌀을 여러 번 빻아 찹쌀가루를 곱게 준비한다.

② 쇠머리떡 제조 시 멥쌀가루를 소량 첨가할 경우 굳혀서 썰기에 좋다.
③ 찰떡은 메떡에 비해 찌는 시간이 짧다.
④ 팥고물 사용 시 1시간 정도 불려 설탕과 소금을 섞어 사용한다.

05 다음 중 세계 4대 작물이 옳게 나열된 것은?

① 쌀, 밀, 옥수수, 보리
② 쌀, 밀, 보리, 귀리
③ 밀, 옥수수, 보리, 콩
④ 옥수수, 보리, 팥, 콩

06 다음 중 삼국시대의 떡의 기록이 담긴 것은?

① 삼국사기
② 도문대작
③ 음식디미방
④ 규합총서

07 삼칠일에 대한 설명으로 틀린 것은?

① 아이가 태어난 지 10일째 되는 날로 세이레라고도 한다.
② 삼칠일 전에는 금줄을 쳐서 외부인의 출입을 금했다.

③ 삼칠일이 되면 금줄을 걷어 외부인의 출입을 허용하고 특별하게 보낸다.

④ 삼칠일에는 백설기를 마련해서 가족과 친지들과 나누어 먹고 밖으로는 내보내지 않았다.

08 채소로부터 감염되는 기생충으로 짝지어진 것은?

① 편충, 동양모양선충

② 폐흡충, 회충

③ 구충, 선모충

④ 회충, 무구조충

09 점성이 강하고 노화되지 않는 인절미를 만들기 위한 방법이 아닌 것은?

① 전분을 완전히 호화시킨다.

② 오랫동안 쳐서 아밀로펙틴끼리 엉기게 한다.

③ 멥쌀을 10% 섞어 치대야 점성이 생긴다.

④ 펀칭기에 넣고 쳐서 뽀얗게 만든다.

10 통과의례에 먹는 떡으로 잘못 연결된 것은?

① 삼칠일 : 백설기

② 백일 : 무지개떡

③ 혼례 : 붉은팥시루떡

④ 회갑 : 오색송편

11 떡의 어원에 대한 설명으로 틀린 것은?

① 차륜병은 수리취절편에 수레바퀴의 문양을 내어 붙여진 이름이다.

② 석탄병은 '맛이 삼키기 안타깝다'는 뜻에서 붙여진 이름이다.

③ 약편은 멥쌀가루에 계피, 천궁, 생강 등 약재를 넣어 붙여진 이름이다.

④ 첨세병은 떡국을 먹음으로써 나이를 하나 더하게 된다는 뜻으로 붙여진 이름이다.

12 찹쌀떡을 찔 때 떡이 면보에 들러붙는 것을 방지하기 위해 넣는 식재료는?

① 소금

② 설탕

③ 기름

④ 참기름

13 쌀가루 익반죽에 관한 설명으로 틀린 것은?

① 밀과 같은 글루텐 단백질이 없어서 익반죽을 하면 점성이 생긴다.

② 물의 온도가 높을수록 반죽을 만들고 모양을 빚기는 어렵다.

③ 성형하기도 쉽고 쫄깃한 식감이 있는 떡을 만들 수 있다.

④ 끓는 물을 이용해 전분의 일부를 호화시키면 점성이 증가한다.

14 전분의 호화에 대한 설명으로 맞는 것은?

① 전분이 날것인 상태를 알파전분이라고 한다.

② 가열하면 베타전분이 되어 호화가 된다.

③ 도정률이 클수록 호화가 잘 된다.

④ 전분의 입자가 작을수록 호화가 잘 된다.

15 다음과 같은 특성을 지닌 살균소독제는?

- 가용성이며 냄새가 없다.
- 자극성 및 부식성이 없다.
- 유기물이 존재하면 살균 효과가 감소한다.
- 작업자의 손이나 용기 및 기구 소독에 주로 사용한다.

① 승홍
② 크레졸
③ 석탄산
④ 역성비누

16 다음 중 켜떡이 아닌 것은?

① 녹두찰떡
② 깨찰떡
③ 콩찰떡
④ 쑥설기

17 삼복에 멥쌀가루에 술을 넣어 발효시켜 먹었던 떡은?

① 증편
② 주악
③ 상화
④ 경단

18 다음 중 백일에 먹는 떡이 아닌 것은?

① 백설기
② 팥수수경단
③ 삭일송편
④ 무지개떡

19 불용성 섬유소의 종류로 옳은 것은?

① 검
② 뮤실리지
③ 펙틴

④ 셀룰로오스

20 각 지역과 향토떡의 연결로 틀린 것은?

① 경기도 - 여주산병, 색떡
② 경상도 - 모싯잎송편, 만경떡
③ 제주도 - 오메기떡, 빙떡
④ 평안도 - 장떡, 수리취떡

21 단맛과 따뜻한 성질을 가지고, 장 기능을 조절해 설사를 멈추게 하며 떡, 경단, 부꾸미, 고량주를 만드는 재료로 옳은 것은?

① 수수
② 조
③ 보리
④ 메밀

22 보름달처럼 밝게 널리 비추고 둥글게 채우며 잘 살도록 하는 기원이 담긴 떡은?

① 빙떡
② 구름떡
③ 달떡
④ 오그랑떡

23 설기떡에 대한 설명으로 틀린 것은?

① 고물 없이 한 덩어리가 되도록 찌는 떡이다.
② 콩, 쑥, 밤, 대추, 과일 등 부재료가 들어가기도 한다.
③ 콩떡, 팥시루떡, 쑥떡, 호박떡, 무지개떡이 있다.
④ 무리병이라고도 한다.

24 다음 중 함경도 떡이 아닌 것은?

① 언감자송편

② 꽃송편
③ 꼬장떡
④ 기장인절미

25 상전이 노비에게 새해 농사 시작에 대한 수고의 의미로 송편을 나이만큼 먹이는 노비송편을 만들었던 날은?

① 정월대보름
② 중화절
③ 삼짇날
④ 초파일

26 식품 포장을 할 때 속포장을 하는 이유로 틀린 것은?

① 친환경
② 습기 방지
③ 광염 차단
④ 충격 방지

27 사과, 바나나, 파인애플 등의 주요 향미성분은?

① 에스테르(Ester)류
② 고급지방산류
③ 유황화합물류
④ 퓨란(Furan)류

28 조선시대의 떡이 기록되어 있지 않은 것은?

① 주방문
② 증보산림경제
③ 목은집
④ 규합총서

29 찜에 대한 설명으로 틀린 것은?

① 가열하는 중간에는 조미가 어렵다.

② 영양소의 손실이 적고 재료 본래의 모양과 맛을 유지할 수 있다.
③ 잠열, 액화열을 이용하여 가열하는 조리법이다.
④ 수용성 성분의 용출이 적고 본연의 풍미도 그대로 남는다.

30 쌀가루를 분쇄하는 기구인 롤러의 재질이 아닌 것은?

① 돌(화강암)
② 세라믹
③ 스테인리스
④ 소나무

31 다음 중 제례의 웃기로 적합한 떡은?

① 주악, 단자
② 무지개, 절편
③ 송편, 두텁떡
④ 인절미, 약식

32 찹쌀가루에 물을 주어 시루에 찌고 절구에 끈기가 생기게 쳐서 모양을 빚은 다음 대추, 석이, 잣 등 고물을 묻히는 떡은?

① 증병
② 단자
③ 부꾸미
④ 유병

33 약식의 유래와 관계가 없는 것은?

① 백결선생
② 금갑
③ 까마귀
④ 소지왕

34 약밥을 만드는 방법으로 알맞은 것은?

① 멥쌀은 씻어 5시간 이상 불려 물기를 빼고, 찜통에 약 1시간 무르게 찐다.

② 찐 밥에 황설탕, 참기름, 진간장, 계핏가루, 밤, 대추 순서로 넣는다.

③ 찜통에 약 20분간 찌고 5분간 뜸을 들이고 꿀, 계핏가루, 참기름을 섞는다.

④ 식은 후 포장하여 냉장고에 넣어 보관한다.

35 다음 중 떡의 어원 변화로 맞는 것은?

① 찌다 → 찌기 → 떼기 → 떠기 → 떡

② 찌기 → 띠기 → 떠기 → 떼기 → 떡

③ 찌다 → 찌기 → 떼기 → 떠기 → 떡

④ 찌다 → 쪄다 → 떠기 → 떼기 → 떡

36 떡을 뜻하는 한자어의 연결이 바르지 않은 것은?

① 병(餠, 밀가루떡 병) : 가루로 만든 밀을 재료로 만든 음식

② 이(餌, 떡 이) : 밀가루 이외의 곡물(쌀, 조, 기장, 콩 등)로 만든 떡

③ 자(餈, 인절미 자) : 곡물을 가루로 만들어 찐 다음 절구에 치고 고물을 묻힌 것

④ 고(糕, 시루떡 고) : 곡물을 가루로 만들어 시루에 담아 쪄서 만든 것

37 단맛을 내는 조미료에 속하지 않는 것은?

① 올리고당(Oligosaccharide)

② 설탕(Sucrose)

③ 스테비오사이드(Stevioside)

④ 타우린(Taurine)

38 까마귀에게 보은하는 약식을 만들었던 절기는?

① 설날

② 정월대보름

③ 단오

④ 유두

39 수분 중에 지방이 분산된 형태로 수중유적형에 해당하지 않는 것은?

① 우유

② 버터

③ 마요네즈

④ 아이스크림

40 다음 중 대장균의 최적 증식 온도 범위는?

① 0~5℃

② 5~10℃

③ 30~40℃

④ 55~75℃

41 다음 중 서류가 아닌 것은?

① 감자

② 고구마

③ 무

④ 토란

42 설기 제조에 대한 일반적인 과정으로 옳은 것은?

① 멥쌀은 깨끗하게 씻어 8~12시간 정도 불려서 사용한다.

② 쌀가루는 물기가 있는 상태에서 굵은체에 내린다.

③ 찜기에 준비된 재료를 올려 약한 불에서 바로 찐다.
④ 불을 끄고 약 20분간 뜸을 들인 후 그릇에 담는다.

43 설기떡의 제조 과정 순서로 옳은 것은?

① 쌀가루 만들기 - 물 내리기 - 반죽하기 - 찌기
② 쌀가루 만들기 - 반죽하기 - 물 내리기 - 찌기
③ 쌀가루 만들기 - 물 내리기 - 찌기
④ 쌀가루 만들기 - 반죽하기 – 찌기

44 진동이 심한 작업을 하는 사람에게 국소진동 장애가 생길 수 있는 직업병은?

① 진폐증
② 파킨슨씨병
③ 잠함병
④ 레이노드병

45 다음 중 효소가 아닌 것은?

① 말타아제(Maltase)
② 펩신(Pepsin)
③ 레닌(Rennin)
④ 유당(Lactose)

46 떡의 노화를 지연시키는 방법으로 틀린 것은?

① 식이섬유소 첨가
② 설탕 첨가
③ 유화제 첨가
④ 색소

47 다음 중 계량 단위가 잘못 연결된 것은?

① 1홉 = 160g
② 1컵 = 200ml
③ 1말 = 20kg
④ 1oz = 30ml

48 곡물 가루를 시루에 안쳐 수증기로 찌는 떡은?

① 증병
② 도병
③ 유병
④ 전병

49 다음 중 설기떡의 종류가 아닌 것은?

① 오메기떡
② 백설기
③ 콩설기
④ 마구설기

50 다음 중 영업신고를 하여야 하는 업종이 아닌 것은?

① 일반음식점
② 식품소분 · 판매업
③ 유흥주점영업
④ 위탁급식영업 및 제과점영업

51 규합총서에 설명된 떡의 종류는?

> 좋은 찹쌀 두 되를 백세하여 하루 불려 시루에 쪄서 식힌 후에 황률을 많이 넣고 백청 한 탕기, 참기름 한 보시기, 진장 반 종지, 대추 한 탕기를 모두 버무려 시루에 도로 담고 찐다.

① 모듬백이
② 각색편
③ 약밥

④ 해장떡

52 떡국을 먹음으로써 나이를 하나 더하게 된다는 뜻으로 붙여진 떡은?

① 첨세병
② 차륜병
③ 봉채떡
④ 경단

53 검은색 발색제로 쓰이지 않는 것은?

① 석이버섯
② 흑임자
③ 흑태
④ 신감초

54 떡반죽의 특징으로 틀린 것은?

① 많이 치댈수록 공기가 포함되어 부드럽고 감촉이 좋아진다.
② 많이 치댈수록 글루텐이 많이 형성되어 쫄깃해진다.
③ 익반죽할 때 물의 온도가 높으면 점성이 생겨 반죽이 용이하다.
④ 쑥이나 수리취 등을 섞어 반죽할 때 노화속도가 지연된다.

55 삼국시대의 떡을 설명하는 것이 아닌 것은?

① 삼국시대 이전의 유적이 출토되고 있어 부족국가 시대부터 만들어졌을 것이라고 추정한다.
② 곡물 생산으로 피, 기장, 조, 수수, 쌀이 풍부해져 떡을 만들었을 것이다.
③ 동굴생활을 하고 수렵과 채취로 식량을 확보하였으며 구석기 후기부터 불을 사용하였을 것으로 추측한

다.
④ 황해도 봉산 지탑리의 신석기 유적지에서는 갈돌, 경기도 북변리와 동창리의 무문토기시대 유적지에서는 돌확(확돌)이 발견되었다.

56 삼복 중에 먹는 절기 떡으로 틀린 것은?

① 증편
② 주악
③ 팥경단
④ 깨찰편

57 다음 중 찌는 떡이 아닌 것은?

① 느티떡
② 혼돈병
③ 골무떡
④ 신과병

58 인쇄가 용이하고 다른 적층 포장재의 초기 포장재로 사용되는 노루지, 유산지, 골수지, 습지 같은 포장재의 종류는?

① 종이
② PE
③ PP
④ PS

59 화학물질의 취급 시 유의사항으로 틀린 것은?

① 작업장 내에 물질안전보건 자료를 비치한다.
② 고무장갑 등 보호복장을 착용하도록 한다.
③ 물 이외의 물질과 섞어서 사용한다.
④ 액체 상태인 물질을 덜어 쓸 경우 펌

프기능이 있는 호스를 사용한다.

60 쌀을 세척하고 수침하는 과정으로 틀린 설명은?

① 쌀을 흐르는 물에 깨끗이 씻어 여름에는 30분, 겨울에는 1시간 불린다.
② 쌀의 수침 시간이 증가할수록 쌀의 조직이 연화되어 습식제분을 할 때 전분입자가 미세화된다.
③ 채반에 밭쳐 30분 정도 물기를 뺀다.
④ 충분히 불리면 무게가 멥쌀은 약 1.2~1.3배, 찹쌀은 약 1.4배 증가하고 수분의 함유량은 30~40%가 된다.

1회 정답

1	2	3	4	5	6	7	8	9	10
④	③	②	②	①	①	①	①	③	④
11	12	13	14	15	16	17	18	19	20
③	②	②	③	④	④	①	③	④	④
21	22	23	24	25	26	27	28	29	30
①	③	③	②	②	①	①	③	③	④
31	32	33	34	35	36	37	38	39	40
①	②	①	②	①	③	④	②	②	③
41	42	43	44	45	46	47	48	49	50
③	①	③	④	④	④	④	③	①	③
41	42	43	44	45	46	47	48	59	60
③	①	④	②	②	③	④	③	③	①

1회 해설

2. 바이러스 : 인플루엔자, 천연두, 홍역, 유행성이하선염
   세균 : 결핵, 백일해, 디프테리아, 장티푸스, 파라티푸스, 세균성 이질
3. 경단을 끓는 물에 삶고, 익으면 찬물에 식힌다.
5. 쌀, 밀, 옥수수, 보리는 세계 4대 작물이다.
7. 삼칠일은 3*7=21일을 뜻한다.
10. 통과의례와 떡

11. 약편은 충청도의 향토떡으로 대추편이라고도 한다. 멥쌀가루에 대추고, 막걸리를 넣어 만든 떡이다.
12. 찹쌀떡을 찔 때 설탕을 조금 뿌리면 들러붙는 것을 방지할 수 있다.
13. 물의 온도가 높을수록 반죽을 만들고 모양을 빚기는 쉬우나 금방 마른다. 물의 온도가 낮을수록 성형이나 반죽이 힘들다. 그러므로 빚어 찌는 떡인 송편은 익반죽을 한다.
16. 쑥설기는 무리떡이다.
18. 삭일송편은 중화절에 노비가 먹는 송편이다.
22. [떡의 어원]
   • 구름떡 : 썬 모양이 구름 모양과 같다고 하여 붙여진 이름이다.
   • 빙떡 : 돌돌 말아서 만든다고 해서 빙떡, 멍석처럼 말아 감는다고 해서 멍석떡이라고 불렀다.
   • 오그랑떡 : 떡을 삶는 과정에서 모양이 동그랗게 오그라드는 것 같다고 해서 붙여진 이름이다.
23. 설기떡은 곡물가루에 물을 내려 켜를 만들지 않고 한 덩어리가 되게 하여 찌는 고물이 없는 떡을 말한다. 콩, 쑥, 밤 등 부재료가 들어가서 한 덩어리로 찌면 설기떡이지만, 부재료를 고물로 만들어 팥시루떡 형태로 만들면 켜떡이라고 할 수 있다.
24. 꽃송편은 전라도 지역의 떡이다.
26. 포장을 하는 것 자체는 친환경적이지 않으므로 자연분해되는 포장지를 사용하는 것을 지향한다.
28. 목은집은 1404년 고려시대의 책이다.
40. 대장균은 여름철 따뜻한 상온(30~40)에서 증식이 활발하다.
41. 무는 채소류에 속하며 서류에는 감자, 고구마, 마, 토란 등이 있다.
51. 찹쌀에 밤, 꿀, 참기름, 간장, 대추를 넣은 떡은 약밥이다.
56. 삼복에는 쉽게 쉬지 않는 찹쌀가루를 익반죽해서 튀긴 주악, 막걸리를 넣어 발효하는 증편, 깨찰편을 해서 먹었다.
59. 화학물질 취급 시에는 물을 포함한 여러 물질과 반응이 일어날 수 있으므로 취급 주의사항과 사용방법을 잘 숙지하여 사용한다.

1 다음 중 무지개떡을 만들 때 발색제로 잘못 짝지어진 것은?

① 빨간색 – 백년초
② 녹색 – 쑥
③ 노란색 – 코치닐
④ 검은색 – 흑임자

2 다음 중 계량방법이 올바른 것은?

① 마가린을 잴 때는 실온일 때 계량컵에 꼭 눌러 담고, 직선으로 된 칼이나 스패츌러로 깎아 계량한다.
② 밀가루를 잴 때는 측정 직전에 체로 친 뒤 눌러서 담아 직선 스패츌러로 깎아 측정한다.
③ 흑설탕을 측정할 때는 체로 친 뒤 누르지 말고 가만히 수북하게 담고 직선 스패츌러로 깎아 측정한다.
④ 쇼트닝을 계량할 때는 냉장온도에서 계량컵에 꼭 눌러 담은 뒤, 직선 스패츌러로 깎아 측정한다.

3 두텁떡을 만드는데 사용되지 않는 조리도구는?

① 떡살
② 체
③ 밀, 옥수수, 보리, 콩
④ 옥수수, 보리, 팥, 콩

4 물품 외부의 포장으로, 상자, 포대, 스티로폼, 금속 등의 용기에 넣거나 그대로 묶는 포장을 무엇이라고 하는가?

① 낱개 포장
② 속포장
③ 겉포장
④ 개별포장

5 떡 보관 시 가장 좋은 저장 방법은?

① 급속 동결
② 완만 동결
③ 냉수 냉각
④ 냉장

6 떡에 넣는 소금과 발색제의 양을 알맞게 나열한 것은?

① 소금 0.2%, 발색제 1%
② 소금 1.2%, 발색제 2%
③ 소금 2.3%, 발색제 1%
④ 소금 3.0%, 발색제 2%

7 돌상에 차리는 떡의 종류와 의미로 틀린 것은?

① 인절미 - 학문적 성장을 촉구
② 수수팥경단 - 아이의 생애에 있어 액을 미리 차단
③ 오색송편 - 우주만물과 조화를 이루며 삶

④ 백설기 – 신성함, 정결함과 순진무
구한 성장

8 전분에 묽은 산을 넣고 가열하여 최적온도
를 유지하면 포도당으로 가수 분해되는 현
상을 무엇이라고 하는가?

① 호화
② 노화
③ 호정화
④ 당화

9 식품의 수분활성도(Aw)에 대한 설명으로
틀린 것은?

① 식품이 나타내는 수증기압과 순수한
물의 수증기압의 비를 말한다.
② 일반적인 식품의 Aw의 값은 1보다
크다.
③ Aw의 값이 작을수록 미생물의 이용
이 쉽지 않다.
④ 어패류의 Aw는 0.99~0.98 정도
이다.

10 다음 중 다당류에 속하는 탄수화물은?

① 펙틴
② 포도당
③ 과당
④ 갈락토오스

11 멥쌀가루를 만드는 방법으로 틀린 것은?

① 쌀은 충분히 불린 다음 약 30분 동
안 물기를 제거한다.
② 롤러에 쌀을 넣어 2번 빻는다.
③ 첫 번째는 롤러의 조절 레버를 12시
방향으로 하여 쌀과 소금을 넣고 빻

은 후 잘 혼합한다.
④ 두 번째는 롤러의 조절 레버를 9시
방향으로 하여 쌀가루와 물을 넣고
빻은 후 잘 혼합한다.

12 쌀가루 보관방법으로 옳은 것은?

① 비닐로 봉합하여 냉장고에 보관한다.
② 플라스틱 통에 담아 냉장고에 보관
한다.
③ 플라스틱 통에 담아 실온에 보관한다.
④ 비닐로 봉합하여 냉동고에 보관한다.

13 찹쌀가루에 요오드 용액을 떨어뜨렸을 때
변화되는 색은?

① 변화가 없음
② 녹색
③ 청자색
④ 적갈색

14 햇빛에 포함된 자외선으로 소독·살균하는
방법은?

① 열탕소독법
② 건열멸균법
③ 소각멸균법
④ 일광소독법

15 충청도의 향토떡이 아닌것은?

① 쇠머리떡
② 총떡
③ 꽃산병
④ 호박떡

16 생리작용을 조절해 주는 식품으로 알맞게
짝지어진 것은?

① 단백질, 무기질
② 무기질, 비타민
③ 비타민, 수분
④ 수분, 무기질

17 쌀의 수침 시 수분흡수율에 영향을 주는 요인으로 틀린 것은?

① 쌀의 품종
② 쌀의 저장 기간
③ 수침 시 물의 온도
④ 쌀의 비타민 함량

18 백설기를 만드는 방법으로 틀린 것은?

① 멥쌀을 충분히 불려 물기를 빼고 소금을 넣어 곱게 빻는다.
② 쌀가루에 물을 주어 잘 비빈 후 중간 체에 내려 설탕을 넣고 고루 섞는다.
③ 찜기에 시룻밑을 깔고 체에 내린 쌀가루를 꾹꾹 눌러 안친다.
④ 솥 위에 찜기를 올리고 15~20분간 찐 후 약한 불에서 5분간 뜸을 들인다.

19 6월 유두에 먹었던 떡으로 풍년을 기원하는 떡은?

① 화전
② 떡수단
③ 꽃떡
④ 수수경단

20 다음 중 4대 명절을 잘 짝지은 것은?

① 설날, 단오, 추석, 한식
② 설날, 삼짇날, 추석, 한식
③ 설날, 정월대보름, 초파일, 추석
④ 설날, 정월대보름, 단오, 추석

21 떡을 포장하는 방법으로 바람직하지 않은 것은?

① 찌고서 한 김이 날아간 후에 포장한다.
② 충분히 식힌 후에 포장을 해야 수증기가 생기지 않아 좋다.
③ 포장지 내면에 응축수가 발생하지 않도록 방담기능의 포장재를 쓰는 것이 좋다.
④ 수분의 함량이 품질과 밀접한 관련이 있으므로 주의하여 건조시킨다.

22 인절미 만드는 방법으로 옳지 않은 것은?

① 찹쌀가루에 물을 넣어 비비고 설탕을 넣고 골고루 섞는다.
② 찜기에 마른 면보를 깔고 소금물을 솔솔 뿌린다.
③ 쌀가루를 덩어리로 만들어 약 20~25분간 찌고 5분간 뜸을 들인다.
④ 익은 떡은 소금물을 묻혀가며 절구에 치거나 펀칭기에 약 5분간 돌려서 찰지게 한다.

23 나무 바가지모양으로 안에 요철이 있어 곡식을 씻을 때 돌을 분리하는 전통 떡 도구는?

① 키
② 이남박
③ 쳇다리
④ 어레미

24 다음 중 약밥의 재료로 적당하지 않은 것은?

① 간장
② 참기름

③ 꿀

④ 멥쌀

25 다음 쌀을 불리는 시간으로 알맞은 것은?

① 멥쌀 2-3시간

② 흑미 5-6시간

③ 현미 12-24시간

④ 약식 8시간

26 떡을 담는 도구로 적당하지 않은 것은?

① 광주리

② 멱동구리

③ 멱서리

④ 수수경단

27 썩거나 상하거나 설익어서 인체의 건강을 해칠 우려가 있는 위해식품을 판매한 영업자에게 부과되는 벌칙은??

① 1년 이하 징역 또는 1천만 원 이하 벌금

② 3년 이하 징역 또는 3천만 원 이하 벌금

③ 5년 이하 징역 또는 15천만 원 이하 벌금

④ 10년 이하 징역 또는 1억 원 이하 벌금

28 다음 중 결합수의 특성으로 옳은 것은?

① 식품조직을 압착하여도 제거되지 않는다.

② 점성이 크다.

③ 미생물의 번식과 발아에 이용된다.

④ 보통의 물보다 밀도가 작다.

29 다음 중 쌀의 종류가 다른 떡은?

① 가래떡

② 골무떡

③ 백설기

④ 약식

30 고려사람들이 율고를 잘 만들었다고 칭송한 중국인의 견문록이 있다. 여기서 율고에 들어가는 재료가 아닌 것은?

① 밤

② 대추

③ 찹쌀

④ 꿀

31 떡의 냉각에 대한 내용으로 틀린 것은?

① 높은 온도에서 조리한 후 냉각하는 과정에서 변질되기가 쉽다.

② 미생물이 번식하기 가장 좋은 온도 30~60℃를 거치며 냉각할 때 변질되기 쉽다.

③ 충분히 식혀서 차갑게 만든 후 냉각을 하여 포장하는 것이 좋다.

④ 떡을 오랫동안 노출시키면 떡의 수분함량이 감소하여 떡의 질이 떨어질 수 있다.

32 떡을 할 때 소금의 양은 얼마가 적당한가?

① 0.1%

② 1.2%

③ 2.1%

④ 3.2%

33 사람이 태어나서 생을 마칠 때까지 반드시 거치게 되는 몇 차례의 중요한 의례를 뜻하

는 말은?

① 절기
② 통과의례
③ 약식동원
④ 도문대작

34 식품 등의 기구 또는 용기·포장의 표시기준으로 틀린 것은?

① 재질
② 영업소 명칭 및 소재지
③ 소비자 안전을 위한 주의사항
④ 섭취량, 섭취방법 및 섭취 시 주의사항

35 개인복장 착용기준 중 연결이 바르지 않은 것은?

① 두발-항상 단정하게 묶어 뒤로 넘기고 두건 안으로 넣는다.
② 화장-진한 화장이나 향수 등을 쓰지 않는다.
③ 유니폼-세탁된 청결한 유니폼을 착용한다.
④ 장신구-손목시계는 시간을 확인하기 위해 착용 가능하다.

36 식품위생법상 허위표시, 과대광고의 범위에 해당하지 않은 것은?

① 국내산을 주된 원료로 하여 제조·가공한 메주, 된장, 고추장에 대하여 식품영양학적으로 공인된 사실이라고 식품의약품안전처장이 인정한 내용의 표시, 광고
② 질병치료에 효능이 있다는 내용의 표시, 광고

③ 외국과 기술 제휴한 것으로 혼동할 우려가 있는 내용의 표시, 광고
④ 화학적 합성품의 경우 그 원료의 명칭 등을 사용하여 화학적 합성품이 아닌 것으로 혼동할 우려가 있는 광고

37 시루에 찐 떡을 안반이나 절구로 쳐서 끈기가 있게 만드는 떡은?

① 증병
② 도병
③ 유병
④ 잡과병

38 캐러멜소스를 만들 때 결정화를 방지하기 위해 마지막에 넣는 재료는?

① 소금
② 물엿
③ 설탕
④ 소다

39 인절미, 절편 등을 만들 때 사용하는 도구는?

① 절구, 떡메
② 떡메, 쳇다리
③ 쳇다리, 시루
④ 이남박, 떡살

40 빚은 떡 제조 시 쌀가루 반죽에 대한 설명으로 틀린 것은?

① 송편 등의 떡반죽은 많이 치댈수록 부드럽고 감촉이 좋아진다.
② 반죽은 치는 횟수가 많아지면 반죽에 작은 기포가 함유되어 부드러워진다.

③ 쌀가루를 익반죽하면 전분의 일부가 호화되어 점성이 생겨 반죽이 잘 뭉친다.

④ 반죽할 때 물의 온도가 낮을수록 치대는 반죽이 매끄럽고 부드러워진다.

41 송사(宋史)에서 말하기를, 고려는 상사일(上巳日)에 청애병(靑艾餠)을 으뜸가는 음식으로 삼는다. 지봉유설에 기록된 이 떡은 무엇인가?

① 절편
② 쑥개떡
③ 팥시루떡
④ 신과병

42 떡 제조 시 사용하는 두류의 종류와 영양학적 특성으로 옳은 것은?

① 대두에 있는 사포닌은 설사의 치료제이다.
② 팥은 비타민 B_1이 많아 각기병 예방에 좋다.
③ 검은콩은 금속이온과 반응 시 색이 옅어진다.
④ 땅콩은 지질의 함량이 많으나 필수지방산은 부족하다.

43 식품의 위생과 관련된 곰팡이의 특징이 아닌 것은?

① 건조식품을 잘 변질시킨다.
② 대부분 생육에 산소를 요구하는 절대 호기성 미생물이다.
③ 곰팡이독을 생성하는 것도 있다.
④ 일반적으로 생육 속도가 세균에 비하여 빠르다.

44 살균 작용의 강도가 가장 큰 것은?

① 멸균
② 살균
③ 소독
④ 방부

45 다음 중 쌀의 분류가 다른 하나는?

① 안남미쌀
② 인디카형
③ 안델스형
④ 자바니카형

46 저온 저장이 미생물 생육 및 효소 활성에 미치는 영향으로 틀린 것은?

① 일부의 효모는 -10℃에서도 생존한다.
② 곰팡이 포자는 저온에 대한 저항성이 강하다.
③ 부분 냉동 상태보다는 완전 동결 상태에서 효소 활성이 촉진되어 식품이 변질되기 쉽다.
④ 리스테리아균이나 슈도모나스균은 냉장 온도에서도 식품의 부패나 식중독을 유발한다.

47 떡의 제조 방법에 따른 분류가 아닌 것은?

① 도병
② 증병
③ 자병
④ 유전병

48 다음 중 찹쌀로 만든 떡이 아닌 것은?

① 두텁떡

② 쇠머리떡

③ 빙떡

④ 노티떡

49 썩거나 상하거나 설익어서 인체의 건강을 해칠 우려가 있는 위해 식품을 판매한 영업자에게 부과되는 벌칙은?(단, 해당 죄로 금고 이상의 형을 선고받거나 그 형이 확정된 적이 없는 자에 한한다.)

① 1년 이하 징역 또는 1천만 원 이하 벌금

② 3년 이하 징역 또는 3천만 원 이하 벌금

③ 5년 이하 징역 또는 5천만 원 이하 벌금

④ 10년 이하 징역 또는 1억 원 이하 벌금

50 다음 중 삶는 떡으로 짝지어진 것은?

① 경단, 주악

② 경단, 오메기떡

③ 골무떡, 빙떡

④ 오메기떡, 빙떡

51 다음 보기 중 약식에 대한 설명이 아닌 것은?

① 신라 소지왕은 까마귀에 대한 감사의 마음으로 찰밥을 지어 정월대보름에 먹었다.

② 찰밥에 기름과 꿀을 섞고 다시 잣, 밤, 대추를 넣어서 섞는다.

③ 중국 사람들이 매우 즐기고, 이것을 나름대로 모방하여 만들어 고려밥이라 하면서 먹고 있다.

④ 상사일(上巳日)에 청애병(靑艾餠)을

으뜸가는 음식으로 삼는다.

52 식품의 변질에 의한 생성물로 틀린 것은?

① 과산화물

② 암모니아

③ 토코페롤

④ 황화수소

53 떡의 노화를 지연시키는 방법으로 틀린 것은?

① 식이섬유 첨가

② 설탕 첨가

③ 유화제 첨가

④ 색소 첨가

54 찹쌀을 불려 가루로 만들기 위해 분쇄할 때 한 번 빻는 이유는?

① 찹쌀은 입자가 고우면 김이 올라오지 못해 잘 익지 않으므로 한 번 빻는다.

② 익는 시간을 단축하기 위해 한 번 빻는다.

③ 두 번 빻으면 수분의 함량이 줄어들어 익히는 데 방해가 된다.

④ 고운체에 내리기 위해 한 번만 빻는다.

55 생물테러감염병 또는 치명률이 높거나 집단발생 우려가 커서 발생 또는 유행 즉시 신고하고 음압격리가 필요한 감염병은?

① 제1급감염병

② 제2급감염병

③ 제3급감염병

④ 제급감염병

56 떡의 주재료로 옳은 것은?

① 밤, 현미

② 흑미, 호두

③ 감, 차조

④ 찹쌀, 멥쌀

57 다음 중 떡의 종류가 잘못 짝지어진 것은?

① 증병 - 콩설기떡

② 도병 - 인절미

③ 경단 - 오메기떡

④ 유전병 - 구름떡

58 전라남도 지방의 향토음식으로 누에고치와 같아 붙여진 떡의 이름은?

① 누에떡

② 고치떡

③ 우찌찌

④ 삐삐떡

59 100℃에서 10분간 가열하여도 균에 의한 독소가 파괴되지 않아 섭취 후 약 3시간 만에 구토, 설사, 심한 복통 증상을 유발하는 미생물은?

① 노로바이러스

② 황색포도상구균

③ 캠필로박터균

④ 살모넬라균

60 송편을 만드는 방법으로 틀린 것은?

① 멥쌀가루는 체에 내리고 끓는 물을 조금씩 넣으면서 익반죽을 한다.

② 반죽을 하나씩 동그랗게 만들고 속을 파서 소를 넣어 오므린 후 안에

공기를 빼고 모양을 빚는다.

③ 물을 넉넉히 넣고 약 5분간 삶아 식힌다.

④ 찬물에 한 번 씻어 물기를 빼고 참기름을 바른다.

2회 정답

1	2	3	4	5	6	7	8	9	10
③	①	①	③	①	②	①	④	②	①
11	12	13	14	15	16	17	18	19	20
④	④	④	④	②	②	④	③	②	①
21	22	23	24	25	26	27	28	29	30
②	②	②	④	③	④	④	①	④	④
31	32	33	34	35	36	37	38	39	40
③	②	②	④	①	①	②	②	①	④
41	42	43	44	45	46	47	48	49	50
②	②	④	①	③	③	③	③	④	⑤
41	42	43	44	45	46	47	48	59	60
④	③	④	①	①	④	②	②	②	③

2회 해설

6. 굵은소금은 깔가루의 1.2% 정도 넣고, 발색제는 2% 정도를 넣어야 색이 곱다.

7. 인절미는 찰떡처럼 끈기 있는 사람이 되라는 의미이다.

9. 일반적인 식품의 Aw값은 1 이하이다.

17. 쌀의 수침 시 쌀의 품종, 쌀의 저장기간, 물의 온도가 수분흡수율에 영향을 준다.

18. [백설기의 의미]

- 구설수에 오르지 말고, 잡스러운 일에 연루되지 말라는 의미
- 순수하고 무구하게 크기를 바라는 의미
- 하얗고 맑게 티 없이 자라라는 의미
- 아이와 산모를 산신의 보호 아래 둔다는 의미

20. [4대 명절]

- 설날, 한식, 단오, 추석

21. 떡은 한 김만 식히면 바로 포장을 해야 떡이 건조되지 않아 좋은 품질을 유지할 수 있다.

22. 찜기에 젖은 면포(면보)를 깔고 설탕을 뿌린다.

29. 멥쌀가루에 물을 주어 시루에 찌고 절구에 끈기가 생기게 쳐서 길게 만드는 것이 가래떡이다.

가래떡을 떡살로 찍으면 절편, 작게 만들면 골무떡, 얇게 밀어 소를 넣고 반달로 접으면 개피떡이다.

31. 떡을 충분히 식히면 수분의 증발로 건조해질 수 있다. 내부에서 수증기가 응축하여 부분적으로 물에 젖은 상태의 반점이 생기지 않을 정도의 유지가 필요하다.

32. 소금은 쌀가루 양의 1.2~1.4%로 넣는 것이 적당하다.

41. 1614년 지봉유설에 다음의 내용이 실렸다. "송사(宋史)에서 말하기를, 고려 상사일(上巳日)에 청애병(靑艾餠)을 으뜸가는 음식으로 삼는다. 이것은 어린 쑥잎을 쌀가루에 섞어서 찐 떡이다."

42. • 대두를 삶을 때 나오는 거품은 설사를 유발하는 사포닌 성분이므로, 처음 삶은 물은 버리고 다시 삶거나 다량 섭취하지 않는다.

• 검은콩의 안토시아닌 색소는 금속이온과 반응하면 색이 진해진다.

• 땅콩은 지질, 필수지방산 함량이 풍부하다.

48. 빙떡은 메밀가루로 만든 떡이다.

51. 청애병이란 쑥개떡을 말한다.

54. 찹쌀은 아밀로펙틴의 함량이 높아 입자가 고우면 시루에 찔 때 김이 올라오지 않을 수 있다. 그러므로 한번만 빻고 체에 여러 번 내리지 않으며, 숨구멍을 만드는 것이 좋다.

60. 송편은 물에 삶지 않고 찜통에 20분간 찐 후 5분간 뜸을 들인다.

1 식품접객업을 신규로 하고자 하는 경우 몇 시간의 위생교육을 받아야 하는가?

① 2시간
② 4시간
③ 6시간
④ 8시간

2 치는 떡의 표기로 옳은 것은?

① 중병
② 도병
③ 유병
④ 전병

3 모든 미생물을 제거하여 무균 상태로 하는 조작은?

① 소독
② 살균
③ 멸균
④ 방부

4 나무 바가지모양으로 안에 요철이 있어 곡식을 씻을 때 돌을 분리하는 전통 떡 도구는?

① 키
② 이남박
③ 쳇다리
④ 어레미

5 회갑에 대한 설명으로 틀린 것은?

① 태어난 지 71세가 되는 날이다.
② 회갑에는 백편, 꿀편, 승검초편을 만들어 높이 괴어 올린다.
③ 화전, 주악, 단자 등 웃기를 위에 얹어 떡 장식을 한다.
④ 색떡으로 나무에 꽃이 필 모양의 모조화를 만들어 장식하기도 했다.

6 고려사람들이 율고를 잘 만들었다고 칭송한 견문록이 있다. 여기서 율고에 들어가는 재료가 아닌 것은?

① 밤
② 대추
③ 찹쌀
④ 꿀

7 다음 중 치는 떡이 아닌 것은?

① 꽃절편
② 인절미
③ 개피떡
④ 쑥개떡

8 계량 시 주의 사항이 아닌 것은?

① 정확한 계량을 위하여 1회 계량에 적합한 오차 범위의 저울인지 확인한다.

② 저울이 수평으로 설치되었는지를 확인한다.

③ 측량 전 저울의 0점을 확인하고, 용기를 얹은 후 0점 조정 후에 계량한다.

④ 쌀가루 계량을 위해서는 저울보다 계량컵을 이용하는 것이 더 정확하다.

9 개인 위생에 관한 내용으로 잘못된 것은?

① 식품취급자 자신의 건강상태를 확인하고 개인위생에 주의를 기울인다.

② 주기적으로 위생교육을 받아야 하며 교육에 대한 효과를 확인받는다.

③ 작업장 내에서는 흡연행위, 껌씹기, 음식물 먹기 등을 하지 않는다.

④ 앞치마는 한 가지로 통일하고 고무장갑은 조리용, 서빙용, 세척용으로 용도에 따라 색상을 달리하거나 구분하여 사용한다.

10 켜떡의 고물에 의한 분류가 아닌 것은?

① 팥시루떡
② 녹두시루떡
③ 무시루떡
④ 콩시루떡

11 다음 중 삼국시대의 떡의 기록이 담긴 것은?

① 삼국사기
② 도문대작
③ 음식디미방
④ 규합총서

12 통조림 식품의 통조림관에서 유래될 수 있는 식중독 원인물질은?

① 카드뮴
② 주석
③ 페놀
④ 수은

13 식품을 포장할 때 그 기능으로 바르지 않은 것은?

① 상품개발
② 상품의 가치상승
③ 용기로서의 기능
④ 정보성, 상품성

14 다음 중 발색제의 색소 성분의 연결이 잘못된 것은?

① 초록색 – Chlorophylls
② 노랑색 – Carotenoids
③ 붉은색 – Anthocyanins
④ 갈색 – Betalains

15 다음 중 녹색 색소로 옳은 것은?

① 샤프란
② 승검초
③ 연지
④ 차조기

16 진동이 심한 작업을 하는 사람에게 국소진동 장애가 생길 수 있는 직업병은?

① 진폐증
② 파킨슨씨병
③ 잠함병
④ 레이노드병

17 떡의 주재료로 옳은 것은?

① 밤, 현미
② 흑미, 호두
③ 감, 차조
④ 찹쌀, 멥쌀

18 녹두고물을 만드는 방법으로 틀린 것은?

① 거피 녹두는 2시간 이상 물에 불리고 껍질을 손으로 비벼 껍질을 벗긴다.
② 김 오른 찜통에 젖은 면보를 깔고 녹두를 안쳐 푹 무르게 약 30분간 찐다.
③ 찐 녹두에 소금을 넣어 절구로 빻는다.
④ 고운체에 내려 사용한다.

19 부재료를 이용하여 떡을 만들 때 손질하는 방법으로 잘못된 것은?

① 팥: 깨끗하게 씻어 처음 삶은 물을 버리고, 다시 물을 부어 약 30분간 삶는다.
② 거피팥, 녹두 : 물에 씻어 2시간 이상 물에 불리고 손으로 문질러 껍질을 제거하고 찜통에 쪄서 사용한다.
③ 대추 : 마른행주로 닦고 돌려깎아서 씨를 제거하고 사용한다.
④ 호박고지 : 물에 가볍게 씻고 따뜻한 물에 1시간 불려 물기를 짜고 사용한다.

20 다음 중 계량단위가 잘못 연결된 것은?

① 1홉＝160g
② 1컵＝200ml
③ 1말＝20kg
④ 1oz＝30ml

21 불용성 섬유소의 종류로 옳은 것은?

① 검
② 뮤실리지
③ 펙틴
④ 셀룰로오스

22 다음 중 치는 떡의 종류가 아닌 것은?

① 인절미
② 절편
③ 고치떡
④ 혼돈병

23 오염된 곡물의 섭취를 통해 장애를 일으키는 곰팡이 독의 종류가 아닌 것은?

① 황변미독
② 맥각독
③ 아플라톡신
④ 베네루핀

24 조리에 사용하는 냉동식품의 특성이 아닌 것은?

① 완만 동결하여 조직이 좋다.
② 미생물 발육을 저지하여 장기간 보존이 가능하다.
③ 저장 중 영양가 손실이 적다.
④ 산화를 억제하여 품질 저하를 막는다.

25 콩설기를 만드는 방법으로 틀린 것은?

① 불린 서리태는 콩이 충분히 잠기는 물에서 약 5분간 삶고 뚜껑을 닫아 뜸을 들인다.
② 멥쌀가루에 물을 넣고 손으로 잘 비비고 중간체에 내린다.

③ 쌀가루에 설탕을 넣어 고루 섞는다.

④ 김이 오른 찜통에 시루를 올리고 뚜껑을 닫고 강한 불로 20분 정도 찌고 약한 불로 5분 뜸을 들인다.

26 봄이 온 것을 느끼며 번철을 들고 야외로 나가 삼짇날에 먹은 떡은?

① 화전
② 빈자
③ 쑥설기
④ 수리취떡

27 자외선의 인체에 대한 내용 설명으로 틀린 것은?

① 살균작용을 하고 피부암을 유발한다.
② 체내에서 비타민 D를 생성한다.
③ 피부결핵이나 관절염에 유해하다.
④ 신진대사 촉진과 적혈구 생성을 촉진시킨다.

28 세균 번식이 잘되는 식품과 가장 거리가 먼 것은?

① 온도가 적당한 식품
② 수분을 함유한 식품
③ 영양분이 많은 식품
④ 산이 많은 식품

29 찹쌀가루에 물을 주어 시루에 찌고 절구에 끈기가 생기게 쳐서 모양을 빚은 다음 대추, 석이, 잣 등 고물을 묻히는 떡은?

① 증병
② 단자
③ 부꾸미
④ 유병

30 식품을 냉동 보관했을 때 나타나는 변화에 대한 설명으로 잘못된 것은?

① 조직 중 빙결정의 수가 줄고, 대형 빙결정이 생긴다.
② 근섬유가 손상을 받아 해동을 해도 수분이 흡수되지 못하고 유출되어 구멍이 생긴다.
③ 드립 중 수용성 단백질, 염류, 비타민류 등의 영양분 손실이 있다.
④ 동결육의 건조에 의한 탄수화물의 산화로 변색, 변성이 되는 동결화상이 생길 수 있다.

31 떡의 영양학적 특성에 대한 설명으로 틀린 것은?

① 팥시루떡의 팥은 멥쌀에 부족한 비타민 D와 비타민 E를 보충한다.
② 무시루떡의 무에는 소화 효소인 디아스타아제가 들어 있다.
③ 쑥떡의 쑥은 무기질, 비타민 A, 비타민 C가 풍부하다.
④ 콩가루 인절미의 콩은 찹쌀에 부족한 단백질과 지질을 함유하고 있다.

32 곰팡이의 대사산물에 의해 질병이나 생리작용 이상을 일으키는 것이 아닌 것은?

① 청매중독
② 아플라톡신 중독
③ 황변미 중독
④ 오크라톡신 중독

33 다음 중 필수 지방산에 속하는 것은?

① 리놀렌산
② 올레산

③ 스테아르산
④ 팔미트산

34 쑥의 녹색을 최대한 유지시키면서 데치려고 할 때 가장 좋은 방법은?
① 100다량의 조리수에서 뚜껑을 열고 단시간에 데쳐 재빨리 헹군다.
② 100다량의 조리수에서 뚜껑을 닫고 단시간에 데쳐 재빨리 헹군다.
③ 100소량의 조리수에서 뚜껑을 열고 단시간에 데쳐 재빨리 헹군다.
④ 100소량의 조리수에서 뚜껑을 닫고 단시간에 데쳐 재빨리 헹군다.

35 다음 중 찌는 찰떡류가 아닌 것은?
① 쇠머리떡
② 구름떡
③ 주악
④ 콩찰떡

36 팥고물을 만드는 방법으로 옳은 것은?
① 팥은 씻어서 물을 붓고 강불에 올려 끓으면 첫 물은 따라 버린다.
② 팥은 3-4시간 정도 불려 중불에서 약 30-40분간 삶는다.
③ 팥은 설탕을 넣어 삶으면 색이 진하게 나온다.
④ 팥에 소다를 넣으면 영양소가 보존된다.

37 쑥개떡을 할 때 쑥의 전처리 방법으로 옳은 것은?
① 생쑥을 멥쌀가루와 섞어 익반죽을 한다.

② 쑥은 끓는 물에 데쳐 멥쌀과 함께 빻는다.
③ 쑥을 보관할 때는 물과 함께 얼려 냉동 보관한다.
④ 쑥은 설탕물에 데치면 색이 선명하다.

38 인절미, 절편 등을 만들 때 사용하는 도구는?
① 절구, 떡메
② 떡메, 쳇다리
③ 쳇다리, 시루
④ 이남박, 떡살

39 조리사의 결격사유가 아닌 것은?
① 정신질환자(전문의가 조리사로서 적합하다고 인정하는 자는 제외)
② 감염병환자(B형간염환자는 제외)
③ 마약이나 그 밖의 약물 중독자
④ 조리사 면허의 취소처분을 받고 그 취소된 날로부터 2년 지나지 아니한 자

40 찰떡류 제조에 대한 설명으로 옳은 것은?
① 불린 찹쌀을 여러 번 빻아 찹쌀가루를 곱게 준비한다.
② 쇠머리떡 제조 시 멥쌀가루를 소량 첨가할 경우 굳혀서 썰기에 좋다.
③ 찰떡은 메떡에 비해 찌는 시간이 짧다.
④ 팥고물 사용 시 1시간 정도 불려 설탕과 소금을 섞어 사용한다.

41 식품의 변질에 의한 생성물로 틀린 것은?

① 과산화물

② 암모니아

③ 토코페롤

④ 황화수소

42 다음 중 다당류에 속하는 탄수화물은?

① 펙틴

② 포도당

③ 과당

④ 갈락토오스

43 사람이 태어나서 생을 마칠 때까지 반드시 거치게 되는 몇 차례의 중요한 의례를 뜻하는 말은?

① 절기

② 통과의례

③ 약식동원

④ 도문대작

44 다음 중 혼례와 관련된 떡이 아닌 것은?

① 달떡

② 색떡

③ 무지개떡

④ 인절미

45 발색제 사용 시 주의사항이 아닌 것은?

① 생과일을 넣을 때는 수분함량이 많으므로 쌀에 첨가하는 물의 양을 과일 첨가량에 따라 줄여야 한다.

② 100% 천연 백련초를 넣고 가열하면 백련초의 색이 진하게 된다.

③ 채소, 생쑥, 시금치, 모싯잎과 같이 섬유질이 많은 채소를 사용할 경우

에는 이물질과 질긴 섬유질을 제거하고 깨끗이 씻어 물기를 뺀 후 쌀과 함께 분쇄하여 사용한다.

④ 석이버섯은 잘 건조한 후 분쇄기로 분쇄하여 분말의 형태로 사용하거나 채를 썰어 장식용으로 사용한다.

46 다음 중 쌀의 종류가 다른 떡은?

① 증편

② 두텁떡

③ 쑥개떡

④ 송편

47 팥을 삶는 방법으로 맞는 것은?

① 팥은 약 3시간 불려서 삶는다.

② 팥은 끓는 물에 넣어 약 10분간 삶는다.

③ 팥 삶은 첫물은 버리고, 두 번째 물부터 약 30분간 삶는다.

④ 팥은 설탕을 넣어 약 30분간 삶는다.

48 멥쌀가루에 요오드 용액을 떨어뜨렸을 때 변화되는 색은?

① 변화없음

② 녹색

③ 청자색

④ 적갈색

49 설기제조에 대한 일반적인 과정으로 옳은 것은?

① 멥쌀은 깨끗하게 씻어 8-12시간 정도 불려서 사용한다.

② 쌀가루는 물기가 있는 상태에서 굵

은체에 내린다.

③ 찜기에 준비된 재료를 올려 약한 불에서 바로 찐다.

④ 불을 끄고 약 20분간 뜸을 들인 후 그릇에 담는다.

50 떡을 만들 때 쓰이는 소금의 종류로 옳은 것은?

① 맛소금

② 구운 소금

③ 굵은소금

④ 자염

51 멥쌀 떡을 준비하는 과정에 쌀가루에 공급되는 최대 수분함량은?

① 5%

② 10%

③ 15%

④ 20%

52 유전병 만들 때 쓰이는 필요한 도구는?

① 시루

② 펀칭기

③ 제병기

④ 팬

53 떡을 반죽하는 방법에 대한 설명으로 옳지 않은 것은?

① 빚는 떡, 지지는 떡, 삶는 떡은 익반죽을 한다.

② 익반죽은 전분의 호화를 도우므로 반죽에 끈기가 생긴다.

③ 반죽을 여러 번 치댈수록 찰기가 생겨 쫄깃한 식감이 생긴다.

④ 쑥이나 수리취 등을 섞어 반죽할 때 노화가 진행된다.

54 물리적 살균 소독방법이 아닌 것은?

① 일광 소독

② 화염 멸균

③ 역성비누 소독

④ 자외선 살균

55 쑥설기떡을 할 때 사용하는 알맞은 쑥은?

① 생쑥

② 데친 쑥

③ 쑥가루

④ 말린 쑥

56 채소를 냉동시키기 전에 블랜칭(Blanching)하는 이유로 적절하지 않은 것은?

① 효소의 활성화

② 미생물의 살균

③ 조직의 연화

④ 부피의 감소

57 물품 외부의 포장으로, 상자, 포대, 스티로폼, 금속 등의 용기에 넣거나 그대로 묶는 포장을 무엇이라고 하는가?

① 낱개 포장

② 속포장

③ 겉포장

④ 개별포장

58 현대의 떡 기구에 대한 설명으로 잘못 짝지어진 것은?

① 세척기 – 쌀과 물이 여러 번 회전하며 물은 배수되고, 쌀은 길러진다.

② 분쇄기(롤러) – 불린 곡식을 롤러를 통해 가루로 분쇄한다.

③ 설기체 – 쌀가루를 체에 풀어주는 기계이다.

④ 펀칭기 – 모양틀을 용도에 맞게 꽂아 가래떡, 절편, 떡볶이떡 등을 뽑을 수 있다.

59 결합수에 대한 설명으로 틀린 것은?

① 용매로 작용한다.

② 100로 가열해도 제거되지 않는다.

③ 0의 온도에서도 얼지 않는다.

④ 미생물의 번식에 이용되지 않는다.

60 다음 중 제주도 떡이 아닌 것은?

① 오메기떡

② 달떡

③ 빼대기떡

④ 망개떡

3회 정답

1	2	3	4	5	6	7	8	9	10
③	②	③	②	①	②	④	④	④	③
11	12	13	14	15	16	17	18	19	20
①	②	①	④	②	④	④	④	④	①
21	22	23	24	25	26	27	28	29	30
④	④	④	①	①	①	③	④	②	④
31	32	33	34	35	36	37	38	39	40
①	①	①	①	③	①	②	①	④	②
41	42	43	44	45	46	47	48	49	50
③	①	②	③	②	②	③	③	①	③
41	42	43	44	45	46	47	48	59	60
④	④	④	③	①	①	③	④	①	④

3회 해설

5. 태어난 지 61세가 되는 날로 육십갑자의 갑이 돌아왔다는 뜻이다.

6. 고려율고란 그늘에 말린 밤의 껍질을 벗기고 찧어서 가루를 낸 다음 찹쌀가루를 2/3 정도 섞어 꿀물로 반죽한 다음 쪄서 먹는 떡을 말한다.

7. 쑥개떡은 빚은 떡에 속한다.

11. 삼국시대와 통일신라시대 떡의 기록으로 "삼국사기", "삼국유사"가 있다.

12. 통조림 철에 녹이 스는 것을 막기 위해 표면에 주석을 입힌다. 이 주석은 산이 강한 과일 혹은 채소 등을 담은 통조림에서 용출될 가능성이 높다.

14. 갈색은 탄닌(Tannin)색소이다.

16.

원인	직업병
고열환경	열중증(열쇠약증, 열경련증, 열사병)
저온환경	동상, 참호족염
고압환경	잠함병
저압환경	고산병
분진	진폐증, 규폐증

17. 떡은 쌀이 주재료이며 쌀 외에는 부재료로 취급한다.

18. 고물은 대체로 굵은체에 내려 사용한다.

19. 호박고지는 물에 가볍게 씻고 물에 10분간 불린 후 물기를 짜 사용한다.

20. 1말 = 10되 = 16kg

21. 식이섬유소는 수용성 섬유소와 불용성 섬유소로 나누어진다. 불용성 섬유소는 물에 녹지 않는 섬유소로 셀룰로오스, 헤미셀룰로오스, 리그닌 등이 있다.

23. 유전병은 기름에 지지는 떡으로 화전, 부꾸미 등이 이에 해당된다. 구름떡은 찹쌀가루를 쪄서 구름 모양으로 만드는 떡이다.

25. 불린 서리태는 15분 이상 삶아야 익는다. 덜 익으면 풋내가 나고 많이 익히면 메주 냄새가 나므로 주의한다.

27. 자외선의 도르노선은 인체에 유익한 작용을 하고, 관절염 치료에 효과적이다.

30. 동결화상은 지방의 산화로 인한 변화이다.

31. 팥에는 비타민 B_1이 풍부하다.

35. 주악은 기름에 튀기는 유전병에 속한다.

44. [혼례관련 떡]

- 봉채떡 : 신부집에 함이 들어오면 함을 시루 위에 놓고 북향재배 후 함을 여는 데 사용하는 떡
- 달떡 : 보름달처럼 둥글고 꽉 차게 밝게 비추며 살아가라는 뜻
- 색떡 : 신랑, 신부 한쌍의 부부를 의미
- 인절미, 절편 : 이바지 음식으로 사용

45. 100% 천연 백련초를 넣고 가열하면 백련초의 색이 연하게 나오므로 백련초의 양을 늘려야 한다.

48. [요오드 반응]

- 멥쌀 : 청자색
- 찹쌀 : 적갈색

52. 펀칭기는 인절미, 바람떡, 꿀떡 등을 만들 때 치대거나 반죽을 해서 찰기가 생기게 하는 현대식 도구다.

54. • 화학적 살균 소독방법 : 염소, 역성비누, 표백분, 석탄산, 생석회, 과산화수소 등

- 물리적 살균 소독방법 : 자외선 살균, 방사선 살균, 화염멸균 등

56. 베네루핀은 모시조개, 굴, 바지락 등에 함유된 유독 성분이다.

59. 결합수는 용질에 대하여 용매로 작용하지 않는다.

60. 망개떡은 경상도 지역의 떡이다.

떡제조기능사 실기안내

[실기 시험 안내]

• 관리부처 : 식품의약품안전처

• 시행기관 : 한국산업인력공단

• 응시자격 : 필기시험 합격자, 필기시험 면제 대상자

• 시험과목 : 떡제조실무

• 합격기준 : 100점 만점에 60점 이상 취득 시

• 응시방법 : 큐넷(http://q-net.or.kr) 인터넷 접수

• 응시료 : 37,300원

• 합격자 발표 : 한국산업인력공단에서 공고한 합격자 발표일에 확인가능

*정기시험 원서접수는 한국산업인력공단에서 공고한 접수기간에만 접수가 가능하며, 선착순 방식으로 접수기간 종료 전에 마감 될 수 있음

[위생상태 및 안전관리 세부기준]

순번	구분	세부기준	채점기준

1	위생복 상의	• 전체 흰색, 기관 및 성명 등의 표식이 없을 것
		• 팔꿈치가 덮이는 길이 이상의 7부·9부·긴소매(수험자 필요에 따라 흰색 팔토시 가능)
		• 상의 여밈은 위생복에 부착된 것이어야 하며 벨크로(일명 찍찍이), 단추 등의 크기, 색상, 모양, 재질은 제한하지 않음(단, 금속성 부착물·뱃지, 핀 등은 금지)
		• 팔꿈치 길이보다 짧은 소매는 작업 안전상 금지
		• 부직포, 비닐 등 화재에 취약한 재질 금지
			• 미착용, 평상복(흰 티셔츠 등), 패션모자(흰털모자, 비니, 야구모자 등) → 실격
			• 기준 부적합 → 위생 0점
			  − 식품가공용이 아닌 경우 (화재에 취약한 재질 및 실험복 형태의 영양사·실험용 가운은 위생 0점)
			  − (일부)유색/표식이 가려지지 않은 경우
			  − 반바지·치마 등
			  − 위생모가 뚫려 있어 머리카락이 보이거나, 수건 등으로 감싸 바느질 마감 처리가 되어 있지 않고 풀어지기 쉬워 일반 식품가공 작업용으로 부적합한 경우 등
			  − 위생복의 개인 표식(이름, 소속)은 테이프로 가릴 것
			  − 조리 도구에 이물질(예: 테이프) 부착 금지

2	위생복 하의 (앞치마)	• 「흰색 긴바지 위생복」 또는 「(색상 무관) 평상복 긴바지 + 흰색 앞치마」
		  − 흰색 앞치마 착용 시, 앞치마 길이는 무릎 아래까지 덮이는 길이일 것
		  − 평상복 긴바지의 색상·재질은 제한이 없으나, 부직포·비닐 등 화재에 취약한 재질이 아닐 것
		  − 반바지·치마·폭넓은 바지 등 안전과 작업에 방해가 되는 복장은 금지	

3	위생모	• 전체 흰색, 기관 및 성명 등의 표식이 없을 것 • 빈틈이 없고, 일반 식품가공 시 통용되는 위생모(크기, 길이, 재질은 제한 없음) − 흰색 머릿수건(손수건)은 머리카락 및 이물에 의한 오염 방지를 위해 착용 금지	
4	마스크	• 침액 오염 방지용으로, 종류는 제한하지 않음(단, 감염병 예방법에 따라 마스크 착용 의무화 기간에는 '투명 위생 플라스틱 입가리개'는 마스크 착용으로 인정하지 않음)	• 미착용 → 실격

5	위생화 (작업화)	• 색상 무관, 기관 및 성명 등의 표식 없을 것 • 조리화, 위생화, 작업화, 운동화 등 가능(단, 발가락, 발등, 발뒤꿈치가 모두 덮일 것) • 미끄러짐 및 화상의 위험이 있는 슬리퍼류, 작업에 방해가 되는 굽이 높은 구두, 속 굽 있는 운동화 금지	• 기준 부적합 → 위생 0점
6	장신구	• 일체의 개인용 장신구 착용 금지(단, 위생모 고정을 위한 머리핀은 허용) • 손목시계, 반지, 귀걸이, 목걸이, 팔찌 등 이물, 교차오염 등의 식품위생 위해 장신구는 착용하지 않을 것	• 기준 부적합 → 위생 0점
7	두발	• 단정하고 청결할 것, 머리카락이 길 경우 흘러내리지 않도록 머리망을 착용하거나 묶을 것	• 기준 부적합 → 위생 0점
8	손/손톱	• 손에 상처가 없어야 하나, 상처가 있을 경우 보이지 않도록 할 것(시험위원 확인하에 추가 조치 가능) • 손톱은 길지 않고 청결하며 매니큐어, 인조손톱 등을 부착하지 않을 것	• 기준 부적합 → 위생 0점
9	위생 관리	• 재료, 조리기구 등 조리에 사용되는 모든 것은 위생적으로 처리하여야 하며, 식품가공용으로 적합한 것일 것	• 기준 부적합 → 위생 0점
10	안전 사고 발생 처리	• 칼 사용(손 빔) 등으로 안전사고 발생 시 응급조치를 하여야 하며, 응급조치에도 지혈이 되지 않을 경우 시험 진행 불가	–

*일반적인 개인위생, 식품위생, 작업장 위생, 안전관리를 준수하지 않을 경우 감점처리될 수 있습니다.

[2024년도 수험자 시험 준비물]

연번	내용	규격	단위	수량	비고
1	가위	가정용	EA	1	조리용
2	계량스푼	–	SET	1	재질, 규격, 색깔 제한 없음
3	계량컵	200ml	EA	1	재질, 규격, 색깔 제한 없음
4	나무젓가락	30~50cm 정도	SET	1	
5	나무주걱	null	EA	1	
6	냄비	–	EA	1	
7	뒤집개	–	EA	1	요리할 때 음식을 뒤집는 기구(뒤지개, 스파튤라, 터너라고 통용됨)
8	마스크	일반용	EA	1	
9	면보	30×30cm 정도	장	1	
10	면장갑	작업용	켤레	1	
11	볼(bowl)	–	EA	1	스테인리스볼/플라스틱재질가능, 대중소 각 1개씩(크기 및 수량 가감 가능, 예시 : 중 2개와 소 2개 지참 가능)
12	비닐	50×50cm	EA	1	재료 전처리 또는 떡을 덮는 용도 등, 다용도용으로 필요량만큼 준비
13	비닐장갑	null	켤레	1	일회용 비닐 위생장갑, 니트릴 라텍스 등 조리용 장갑 사용 가능
14	솔	소형	EA	1	기름 솔 용도
15	스크레이퍼	150mm 정도	EA	1	재질, 크기, 색깔 제한 없음(제과용, 조리용 스크레이퍼, 호떡누르개, 다용도 누르개 등 가능)
16	신발	작업화	족	1	세부기준 참고
17	원형틀	개피떡(바람떡) 제조용	EA	1	공개문제 참고하여 직경 5.5cm 정도의 원형틀 지참
18	위생모	흰색	EA	1	세부기준 참고
19	위생복	흰색(상하의)	벌	1	세부기준 참고(실험복은 위생 0점 처리됨)

20	위생행주	면, 키친타월	EA	1	
21	저울	조리용	대	1	g 단위 측정 가능한 것, 재료 계량용
22	절구	고물 제조용	EA	1	크기, 색상, 재질 등에는 제한 사항 없음, 고물 제조용으로 적합한 절구 지참
23	절굿공이	조리용	EA	1	나무밀대, 방망이(크기와 재질 무관, 공개문제 참고하여 준비)
24	접시	조리용	EA	2	수량, 크기, 재질, 색깔 제한 없음
25	찜기	대나무 찜기, 외경 기준 지름 25× 내경 기준 높이 7cm 정도 (오차범위±1cm)	SET	2	물솥, 시루망(면보, 실리콘패드) 및 시루 일체 포함, 1개만 지참하고 시험시간 내 세척하여 사용하는 것도 가능(단, 시험시간의 추가는 없음)
26	체	null	EA	1	경단 건지는 용도, 직경 20cm 냄비에 들어갈 수 있는 소형 크기
27	체	null	EA	1	재질무관(스테인리스, 나무체 등) 28×6.5cm 정도의 중간체, 재료 전처리 등 다용도 활용/어레미 사용 가능
28	칼	조리용	EA	1	
29	키친페이퍼	null	EA	1	키친타월
30	후라이팬	–	EA	1	시험장에 후라이팬 구비되어 있음, 필요 시 개인용으로 지참 가능

[지참준비물 상세 안내]

- 핀셋, 계산기는 필수적인 조리용 도구가 아니므로 사용 금지

- 길이(cm)·부피(mL) 측정용 눈금이 표시된 조리도구 사용 허용

  - 눈금칼, 눈금도마, 계량컵, 계량스푼 등의 사용이 가능하나, 눈금이 표시된 조리도구가 필수적인 준비물은 아님을 참고

  - 단, 요구사항에 명시된 도구 외 '몰드, 틀' 등과 같이 기능 평가에 영향을 미치는 도구 또는 비조리도구는 사용 금지(쟁반이나 그릇 등을 몰드 용도로 사용하는 경우는 감점)

  - 지참 준비물 외 개별 지참한 도구가 있을 경우, 시험 당일 감독위원에게 사용 가능 여부를 확인 후 사용, 감독위원에게 확인하지 않고 개별 지참한 도구 사용 시 점수에 불이익이 있을 수 있음에 유의

- 시험장 내 모든 개인 물품에는 기관 및 성명 등의 표시가 없어야 함

  - 조리도구에 이물질(예, 테이프) 부착 금지

  - 해당 기준 부적합(개인위생, 식품위생, 작업장 위생, 안전관리를 준수하지 않은 경우)는 감점 처리됨(위생 점수 총 14점 0점 처리)

    예 : 찜기에 수험자 성명이나 학원명 등의 표시가 있어 청테이프로 가릴 경우 불에 의한 안전사고 위험이 있으므로 절대 금함

- 준비물별 수량은 최소 수량을 표시한 것이므로 필요 시 추가 지참 가능

- 종이컵, 호일, 랩, 종이호일, 1회용 행주, 수저 등 일반적인 조리용 도구 및 소모품은 필요 시 개별 지참 가능

- '24년도는 디지털 타이머, 스톱워치 소지·사용이 가능하나, 타이머는 필수 준비물은 아니며, 시험시간은 시험장에 있는 시계를 기준으로 시행됨을 참고

  - 사용 시 무음·무진동으로 사용하여야 하며, 알람 소리 및 진동 금지

  - 손목시계를 착용하는 것은 이물 및 교차오염 방지를 위해 착용 금지(착용 시 위생 0점)

- '뒤집개' 상세 안내

  - 뒤집개는 요리할 때 음식을 뒤집는 일반적인 조리도구임

  - 둥근 원판(지름 20~30cm 정도의 아크릴, 플라스틱 등 식품제조 부적합/미확인 재질)은 사용 금지(상세사항은 큐넷〉자료실〉공개문제 참고)

Part 2
떡제조기능사 실기

콩설기떡

🫙 **배합표**

재료명	비율(%)	무게(g)
멥쌀가루	100	700
설탕	10	70
소금	1	7
물	–	적정량
불린 서리태	–	160

요구사항

지급된 재료 및 시설을 사용하여 콩설기떡을 만들어 제출하시오.

❶ 떡 제조 시 물의 양은 적정량으로 혼합하여 제조하시오.
  (단, 쌀가루는 물에 불려 소금 간하지 않고 2회 빻은 멥쌀가루이다.)
❷ 불린 서리태를 삶거나 쪄서 사용하시오.
❸ 서리태의 ½ 정도는 바닥에 골고루 펴 넣으시오.
❹ 서리태의 ½ 정도는 멥쌀가루와 골고루 혼합하여 찜기에 안치시오.
❺ 찜기에 안친 쌀가루 반죽을 물솥에 얹어 찌시오.
❻ 서리태를 바닥에 골고루 펴 넣은 면이 위로 오도록 그릇에 담고, 썰지 않은 상태로 전량 제출하시오.

만드는 방법

① 쌀가루 만들기
• 멥쌀은 깨끗이 씻어 5시간 이상 충분히 불린 후 건져 30분 정도 물기를 빼고 두 번 빻는다.(이 상태로 지급됨)

② 서리태 준비
• 불린 서리태는 냄비에서 20분 삶고 5분 뜸들인다.

③ 쌀가루에 콩을 섞어 안치기
• 물은 가루에 20% 정도와 소금을 쌀가루에 넣고 고루 비벼 체에 내린다.

• 시루에 시루밑을 깔고 설탕을 한 꼬집 정도 살짝 뿌려서 준비한다.
• 서리태 ½을 시루바닥에 골고루 펴주고 쌀가루 한 줌을 콩이 보이지 않게 뿌린다.

• 나머지 쌀가루, 서리태 ½과 설탕을 섞어서 시루에 안친 후 스크레퍼로 고루 펴준다.

④ 떡 찌기
• 끓는 물솥에 시루를 올리고 센 불에서 20분 찌고 5분 뜸들인다.

⑤ 담기
• 시루에 접시를 올려서 거꾸로 담아 낸다.

Tip
• 콩 삶는 시간은 콩의 묵은 정도에 따라 차이가 있으며 콩이 충분히 잠길 정도의 물에서 뚜껑 없이(콩 비린내를 날리기 위해) 끓기 시작하면 20분 정도 충분히 삶은 후 뚜껑 덮고 뜸들인다. (콩을 삶을 때 완전히 익혀주지 않으면 떡을 다 쪄도 서걱서걱할 수 있다.)

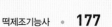

부꾸미

재료명	비율(%)	무게(g)
찹쌀가루	100	200
백설탕	15	30
소금	1	2
물	–	적정량
팥앙금	–	100
대추	–	3(개)
쑥갓	–	20
식용유	–	20ml

배합표

요구사항

지급된 재료 및 시설을 사용하여 부꾸미를 만들어 제출하시오.

❶ 떡 제조 시 물의 양을 적정량으로 혼합하여 반죽을 하시오.
  (단, 쌀가루는 물에 불려 소금 간하지 않고 1회 빻은 찹쌀가루이다.)
❷ 찹쌀가루는 익반죽하시오.
❸ 떡반죽은 직경 6cm로 지져 팥앙금을 소로 넣어 반으로 접으시오(◠).
❹ 대추와 쑥갓을 고명으로 사용하고 설탕을 뿌린 접시에 부꾸미를 담으시오.
❺ 부꾸미는 12개 이상으로 제조하여 전량 제출하시오.

 만드는 방법

① 가루 준비
• 찹쌀을 깨끗이 씻어 5시간 이상 충분히 불린 후 건져 30분 정도 물기 뺀 후 한 번 빻아 준비한다.(이 상태로 지급됨)
• 찹쌀가루는 전체적으로 비벼서 준비한다.

② 반죽하기
• 찹쌀가루에 소금을 넣고 끓는 물 4~5T로 익반죽한다.
• 반죽을 젖은 면포로 덮어두거나 비닐 팩에 넣어둔다.

③ 앙금, 고명 준비
• 팥앙금을 7g 정도로 12개 이상 분할한다
• 대추는 씨앗을 제거, 꽃모양을 만들고, 쑥갓은 잎을 떼어 놓는다.

④ 지지기
• 팬에 기름을 두르고 반죽을 6cm 정도 펴서 뒤집어가며 익힌다.
• 반죽이 익으면 앙금을 넣고 반달로 접는다.
• 부꾸미 고명을 올리고 쑥갓 위에 뜨거운 기름을 살짝 올려준다.

⑤ 담기
• 완성 접시 바닥에 설탕을 뿌리고 부꾸미를 담는다.

송편

배합표

재료명	비율(%)	무게(g)
멥쌀가루	100	200
소금	1	2
물	–	적정량
불린 서리태	–	70
참기름	–	적정량

요구사항

지급된 재료 및 시설을 사용하여 송편을 만들어 제출하시오.

❶ 떡 제조 시 물의 양은 적정량으로 혼합하여 제조하시오.
   (단, 쌀가루는 물에 불려 소금 간하지 않고 2회 빻은 멥쌀가루이다.)

❷ 불린 서리태는 삶아서 송편소로 사용하시오.

❸ 떡반죽과 송편소는 4:1 ~ 3:1 정도의 비율로 제조하시오(송편소가 ¼ ~ ⅓ 정도 포함되어야 함).

❹ 쌀가루는 익반죽하시오.

❺ 송편은 완성된 상태가 길이 5cm, 높이 3cm 정도의 반달송편모양(⬭)이 되도록 오므려 집어 송편 모양을 만들고, 12개 이상으로 제조하여 전량 제출하시오.

❻ 송편을 찜기에 쪄서 참기름을 발라 제출하시오.

만드는 방법

① 쌀가루 만들기

• 멥쌀은 4시간 정도 불린 후 체에 건져 30분 정도 물기 빼고 두 번 빻아 준비한다. (이 상태로 지급됨) 중간체에 소금을 넣어 한 번 더 내려준다.

② 서리태 준비

• 불린 서리태는 20분 정도 삶거나 찌고 5분 정도 뜸들인 후 준비한다.

• 서리태를 불 위에 올려 삶기 시작하면서 과정을 3번 진행한다.

③ 반죽하기

• 체에 내린 멥쌀가루에 끓는 물 35%를 넣고 나무젓가락으로 휘저어준 후 손으로 뭉쳐서 많이 치대며 익반죽 해준다. (반죽이 처지지 않는지 확인한다.)

• 익반죽한 떡반죽을 가래떡 모양으로 길게 밀어 12등분한 후 비닐 안에 넣어둔다.

• 이때 물솥에 물을 조금 더 넣고 시루 뚜껑으로 덮은 후 불을 켜서 물솥의 물을 끓이기 시작한다.

• 시루에는 시루밑을 깔고 준비해 둔다.

• 반죽을 하나씩 동그랗게 빚은 후 속을 파서 불린 서리태 6~7개를 넣고 잘 오므린 후 공기를 제거하고 조개 모양으로 만들어서 준비해둔 시루에 서로 붙지 않게 놓는다.

④ 떡 찌기

• 물이 끓는 것을 확인한 후 시루를 올려서 20분간 찌고 5분간 뜸들인다.

⑤ 담기

• 쪄진 송편은 찬물을 뿌리고 참기름을 전체적으로 발라준 후 그릇에 예쁘게 담아서 제출한다.

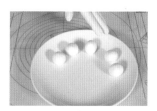

쇠머리떡

배합표

재료명	비율(%)	무게(g)
찹쌀가루	100	500
설탕	10	50
소금	1	5
물	–	적정량
불린 서리태	–	100
대추	–	5(개)
깐 밤	–	5(개)
마른 호박고지	–	20
식용유	–	적정량

 요구사항

지급된 재료 및 시설을 사용하여 쇠머리떡을 만들어 제출하시오.

❶ 떡 제조 시 물의 양은 적정량을 혼합하여 제조하시오.

　(단, 쌀가루는 물에 불려 소금 간하지 않고 1회 빻은 찹쌀가루이다.)

❷ 불린 서리태는 삶거나 쪄서 사용하고, 호박고지는 물에 불려서 사용하시오.

❸ 밤, 대추, 호박고지는 적당한 크기로 잘라서 사용하시오.

❹ 부재료를 쌀가루와 잘 섞어 혼합한 후 찜기에 안치시오.

❺ 떡반죽을 넣은 찜기를 물솥에 얹어 찌시오.

❻ 완성된 쇠머리떡은 15×15cm 정도의 사각형 모양으로 만들어 자르지 말고 전량 제출하시오.

❼ 찌는 찰떡류로 제조하며, 지나치게 물을 많이 넣어 치지 않도록 주의하여 제조하시오.

 만드는 방법

① 가루 준비

• 찹쌀은 5시간 이상 충분히 불린 후 건져 30분 정도 물기 뺀 후 한 번 빻아 준비한다.(이 상태로 지급됨)

• 가루는 한번 비벼준 후 물 1T에 소금을 넣고 녹인 후 잘 섞어준다.

② 부재료 준비

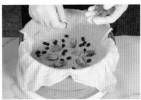

• 불린 서리태 : 냄비에 20분 정도 삶고 5분간 뜸들인다.

• 대추 : 돌려깎기하여 씨를 뺀 후 3~4등분한다.

• 밤 : 3~4등분하여 준비한다.

• 호박고지 : 물에 한번 씻어 설탕 조금, 물 1T를 넣고 불려 건져준다.

③ 찌기

• 찜기에 젖은 면포를 깔고 설탕을 살짝 뿌려 준비한다.

• 부재료의 ¼ 정도를 면포 위에 골고루 깔고 쌀가루를 조금 뿌려준다.

• 쌀가루에 설탕을 넣고 잘 섞은 후 남은 부재료의 ¾을 고루 섞어서 주먹 쥐어 안쳐 흰 가루가 묻어나지 않을 때까지 30분 정도 찌고 뜸을 5분 정도 들인 후 꺼낸다.

④ 성형하기

• 비닐에 식용유를 발라서 준비하고 있다가 다 쪄진 떡을 쏟아 손에 기름을 바른 후 성형하여 15×15cm 크기로 만들고 비닐에 싸서 약간 굳게 둔 다음 그릇에 담아 제출한다.

무지개떡(삼색)

배합표

재료명	비율(%)	무게(g)
멥쌀가루	100	750
설탕	10	75
소금	1	8
물	–	적정량
치자	–	1(개)
쑥가루	–	3
대추	–	3(개)
잣	–	2

 **요구사항**

지급된 재료 및 시설을 사용하여 무지개떡(삼색)을 만들어 제출하시오.

❶ 떡 제조 시 물의 양은 적정량으로 혼합하여 제조하시오.

(단, 쌀가루는 물에 불려 소금 간하지 않고 2회 빻은 멥쌀가루이다.)

❷ 삼색의 구분이 뚜렷하고 두께가 같도록 떡을 안치고
8등분으로 칼금을 넣으시오.

[삼색 구분, 두께 균등]　[8등분 칼금]

❸ 대추와 잣을 흰 쌀가루에 고명으로 올려 찌시오. (잣은 반으로 쪼개어 비늘잣으로 만들어 사용하시오.)

❹ 고명이 위로 올라오게 담아 전량 제출하시오.

 만드는 방법

① 가루 준비

• 멥쌀은 깨끗이 씻어 5시간 이상 충분히 불린 후 건져 30분 정도
물기를 빼고 두 번 빻는다.(이 상태로 지급됨)

② 고명 준비

• 대추는 씨앗을 제거하고 꽃이나 채를 썰고, 잣은 비늘 잣으로 준
비한다.

③ 쌀가루 나누기

• 쌀가루에 소금을 넣고 고루 비벼 체에 내린다.

• 쌀가루를 3등분한다.

④ 색 내기

• 흰색　▷ 쌀가루에 물을 넣어 비벼서 체에 내린다.

　　　　▷ 설탕을 고루 섞는다.

• 노란색 ▷ 치자는 살짝 깨서 미지근한 물에 담가 색을 낸다.

　　　　▷ 쌀가루에 치자 물을 넣고 고루 섞어 체에 내린다.

　　　　▷ 설탕을 고루 섞는다.

• 녹색　▷ 쌀가루에 쑥가루와 물을 넣고 비벼서 체에 내린다 →
　　　　　 물을 조금 더 넣는다.

　　　　▷ 설탕을 고루 섞는다.

⑤ 떡 찌기

• 물솥에 물을 부어 끓인다.

• 시루에 시루밑을 깔고 설탕을 한 꼬집 뿌리고 녹색 – 노란색 – 흰
색 순서로 떡을 안치고 윗면을 고르게 편 다음, 8등분하여 고명
을 올려 뚜껑을 덮고 20분간 찐 후 5분간 뜸을 들인다.

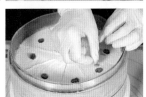

⑤ 담기

• 접시에 랩을 깔고 시루에서 꺼낸다.

• 다시 접시에 돌려서 담는다.

경단

배합표

재료명	비율(%)	무게(g)
찹쌀가루	100	200
소금	1	2
물	–	적정량
볶은 콩가루	–	50

요구사항

지급된 재료 및 시설을 사용하여 경단을 만들어 제출하시오.

❶ 떡 제조 시 물의 양을 적정량으로 혼합하여 반죽을 하시오.
   (단, 쌀가루는 물에 불려 소금 간하지 않고 1회 빻은 찹쌀가루이다.)
❷ 찹쌀가루는 익반죽하시오.
❸ 반죽은 직경 2.5~3cm 정도의 일정한 크기로 20개 이상 만드시오.
❹ 경단은 삶은 후 고물로 콩가루를 묻히시오.
❺ 완성된 경단은 전량 제출하시오.

만드는 방법

① 가루 준비

• 찹쌀을 깨끗이 씻어 5시간 이상 충분히 불린 후 건져 30분 정도 물기 뺀 후 한 번 빻아 준비한다.(이 상태로 지급됨)

• 찹쌀가루는 전체적으로 비벼서 준비한다.

② 반죽하기

• 끓는 물 3~4T에 소금을 가루에 넣고 섞어준 다음 수분량을 조절하면서 계속 반죽한다.

• 반죽을 20~21개로 등분한 후 꼭꼭 쥐어가면서 동그랗게 만든다.

③ 삶기

• 물이 끓으면 반죽을 넣고 3분 정도 삶은 후 체로 건져서 차가운 물에 3분간 담근 후 건져서 다시 찬물에 담그는 과정을 3회 정도 반복한다.

• 물기를 제거한다.

④ 고물 묻히기

• 콩가루는 물을 ¾t를 주어 골고루 섞은 후 체에 내려서 준비한다.

• 삶은 경단을 콩가루에 넣고 흔들어주면서 골고루 고물을 묻힌다.

⑤ 담기

• 모양을 잡아주면서 그릇에 담아 제출한다.

백편

재료명	비율(%)	무게(g)
멥쌀가루	100	500
설탕	10	50
소금	1	5
물	–	적정량
깐 밤	–	3(개)
대추	–	5(개)
잣	–	2

 **요구사항**

지급된 재료 및 시설을 사용하여 백편을 만들어 제출하시오.

❶ 떡 제조 시 물의 양은 적정량으로 혼합하여 제조하시오.

　(단, 쌀가루는 물에 불려 소금 간하지 않고 2회 빻은 멥쌀가루이다.)

❷ 밤, 대추는 곱게 채썰어 사용하고 잣은 반으로 쪼개어 비늘잣으로 만들어 사용하시오.

❸ 쌀가루를 찜기에 안치고 윗면에만 밤, 대추, 잣을 고물로 올려 찌시오.

❹ 고물을 올린 면이 위로 오도록 그릇에 담고 썰지 않은 상태로 전량 제출하시오.

  만드는 방법

① 가루 준비

- 멥쌀은 깨끗이 씻어 5시간 이상 충분히 불린 후 건져 30분 정도 물기를 빼고 두 번 빻는다.(이 상태로 지급됨)

② 고명 준비

- 밤과 대추는 곱게 채썬다.

- 잣은 반 쪼개어 비늘 잣을 만든다.

③ 가루 섞기

- 쌀가루에 소금과 물(가루의 20% 정도)을 넣어 체에 내린다.

- 설탕을 넣어 고루 비벼 준비한다.

④ 떡 찌기

- 물솥에 물을 넣어 끓인다.

- 시루에 시루밑을 깔고 설탕을 한 꼬집 뿌린 뒤 가루를 넣고 윗면을 판판하게 펴서 고물을 올린다.

- 물이 끓으면 시루를 올려서 20분간 찐 후 불을 끄고 5분간 뜸을 들인다.

⑤ 담기

- 접시에 랩을 깔고 시루에서 꺼낸다.

- 제출 접시에 윗면이 오도록 담아 낸다.

인절미

재료명	비율(%)	무게(g)
찹쌀가루	100	500
설탕	10	50
소금	1	5
물	–	적정량
볶은 콩가루	12	60
식용유	–	5
소금물용 소금	–	5

요구사항

지급된 재료 및 시설을 사용하여 인절미를 만들어 제출하시오.

❶ 떡 제조 시 물의 양을 적정량으로 혼합하여 제조하시오.
  (단, 쌀가루는 물에 불려 소금 간하지 않고 1회 빻은 찹쌀가루이다.)

❷ 익힌 찹쌀반죽은 스테인리스볼과 절굿공이(밀대)를 이용하여 소금물을 묻혀 치시오.

❸ 친 인절미는 기름 바른 비닐에 넣어 두께 2cm 이상으로 성형하여 식히시오.

❹ 4×2×2cm 크기로 인절미를 24개 이상 제조하여 콩가루를 고물로 묻혀 전량 제출하시오.

 만드는 방법

① 가루 준비

- 찹쌀을 깨끗이 씻어 5시간 이상 충분히 불린 후 건져 30분 정도 물기 뺀 후 한 번 빻아 준비한다.(이 상태로 지급됨)

- 찹쌀가루는 전체적으로 비벼서 준비한다.

② 쌀가루 찌기

- 찹쌀가루, 소금, 설탕, 물을 넣어 물주기를 한다.

- 물이 끓으면 시루밑을 깔고 물주기한 찹쌀가루를 주먹 쥐어 안친다.

- 20분 정도 찌고 5분 뜸들여 꺼낸다.

③ 떡 치기

- 볼에 소금물을 조금 뿌리고 삶은 떡을 넣어 절굿공이에 소금물을 묻혀가며 친다.

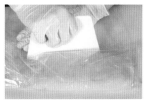

④ 성형하기

- 비닐에 기름을 바르고 친 인절미를 2cm 두께로 성형하여 식힌다. (18×14cm로 성형하여 식은 후 썰기)

- 4×2×2cm 크기로 24개 이상을 잘라 콩가루를 묻힌다.

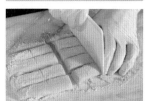

⑤ 담기

- 접시에 깔끔하게 담아 제출한다.

흑임자시루떡

배합표

재료명	비율(%)	무게(g)
찹쌀가루	100	400
설탕	10	40
소금(쌀가루반죽)	1	4
소금(고물)	–	적정량
물	–	적정량
흑임자	27.5	110

요구사항

지급된 재료 및 시설을 사용하여 흑임자시루떡을 만들어 제출하시오.

❶ 떡 제조 시 물의 양은 적정량으로 혼합하여 제조하시오.

　(단, 쌀가루는 물에 불려 소금 간하지 않고 1회 빻은 찹쌀가루이다.)

❷ 흑임자는 씻어 일어 이물이 없게 하고 타지 않게 볶아 소금 간하여 빻아서 고물로 사용하시오.

❸ 찹쌀가루 위ㆍ아래에 흑임자 고물을 이용하여 찜기에 한켜로 안치시오.

❹ 찜기에 안쳐 물솥에 얹어 찌시오.

❺ 썰지 않은 상태로 전량 제출하시오.

만드는 방법

① 가루 준비

- 찹쌀을 깨끗이 씻어 5시간 이상 충분히 불린 후 건져 30분 정도 물기 뺀 후 한 번 빻아 준비한다.(이 상태로 지급됨)

- 찹쌀가루는 전체적으로 비벼서 준비한다.

② 흑임자 고물 만들기

- 흑임자는 깨끗이 물에 씻어 물기를 제거한다.

- 팬에 타지 않게 볶는다.

- 절구에서 빻는다.

③ 쌀가루 섞기

- 쌀가루에 소금, 물을 넣어 버무린다.

④ 떡 찌기

- 시루에 물을 올려 끓인다.

- 시루에 젖은 면포를 깔고 흑임자가루를 고루 편 다음 쌀가루를 넣고 흑임자가루를 얹어 스크레퍼로 고루 펴준다.

- 20분 찌고 5분 뜸들인 후 꺼낸다.

⑤ 담기

- 접시에 담아 제출한다.

개피떡(바람떡)

<table>
<tr>
<td colspan="3">🥤 배합표</td>
</tr>
<tr>
<td>재료명</td>
<td>비율(%)</td>
<td>무게(g)</td>
</tr>
<tr>
<td>멥쌀가루</td>
<td>100</td>
<td>300</td>
</tr>
<tr>
<td>소금</td>
<td>1</td>
<td>3</td>
</tr>
<tr>
<td>물</td>
<td>–</td>
<td>적정량</td>
</tr>
<tr>
<td>팥앙금</td>
<td>66</td>
<td>200</td>
</tr>
<tr>
<td>참기름</td>
<td>–</td>
<td>적정량</td>
</tr>
<tr>
<td>고체유</td>
<td>–</td>
<td>5</td>
</tr>
<tr>
<td>설탕</td>
<td>–</td>
<td>10(찔 때 필요시 사용)</td>
</tr>
</table>

요구사항

지급된 재료 및 시설을 사용하여 개피떡(바람떡)을 만들어 제출하시오.

❶ 떡 제조 시 물의 양을 적정량으로 혼합하여 반죽을 하시오.

  (단, 쌀가루는 물에 불려 소금 간하지 않고 2회 빻은 멥쌀가루이다.)

❷ 익힌 멥쌀 반죽은 치대어 떡반죽을 만들고 떡이 붙지 않게 고체유를 바르면서 제조하시오.

❸ 떡반죽은 두께 4~5mm 정도로 밀어 팥앙금을 소로 넣어 원형틀(직경 5.5cm 정도)을 이용하여 반달모
  양으로 찍어 모양을 만드시오(🌙).

❹ 개피떡은 12개 이상으로 제조하여 참기름을 발라 전량 제출하시오.

만드는 방법

① 가루 준비

- 멥쌀을 깨끗이 씻어 5시간 이상 충분히 불린 후 건져 30분
  정도 물기 뺀 후 두 번 빻아 준비한다.(이 상태로 지급됨)

② 쌀가루 섞기

- 멥쌀가루, 소금, 물을 넣고 비벼서 체에 내린다.

③ 가루 찌기

- 물이 끓으면 시루에 젖은 면포를 깔고 쌀가루를 안쳐 20분 찐 후
  5분 뜸을 들여 꺼낸다.

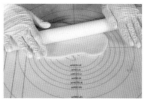

④ 소 만들기

- 12g씩 정도 분할하여 12개 이상 만들기

⑤ 반죽 치기

- 뜨거울 때 스텐볼에 절굿공이로 끈기 있게 치댄다.

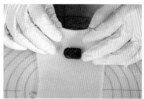

⑥ 성형하기

- 도마 위에서 고체유를 바르고 방망이로 얇게 밀어 소를 넣고 반
  죽을 접어 찍어낸다.

- 고체유를 바르면서 작업을 한다.

⑦ 담기

- 접시에 참기름을 발라 담아 제출한다.

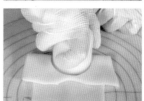

흰팥시루떡

 배합표

재료명	비율(%)	무게(g)
멥쌀가루	100	500
설탕	10	50
소금(쌀가루반죽)	1	5
소금(고물)	0.6	3(적정량)
물	–	적정량
불린 흰팥(동부)		320

요구사항

지급된 재료 및 시설을 사용하여 흰팥시루떡을 만들어 제출하시오.

❶ 떡 제조 시 물의 양은 적정량으로 혼합하여 제조하시오.
(단, 쌀가루는 물에 불려 소금 간하지 않고 2회 빻은 멥쌀가루이다.)

❷ 불린 흰팥(동부)은 거피하여 쪄서 소금 간하고 빻아 체에 내려 고물로 사용하시오. (중간체 또는 어레미 사용 가능)

❸ 멥쌀가루 위·아래에 흰팥 고물을 이용하여 찜기에 한 켜로 안치시오.

❹ 찜기에 안쳐 물솥에 얹어 찌시오.

❺ 썰지 않은 상태로 전량 제출하시오.

만드는 방법

① 가루 준비

• 멥쌀을 깨끗이 씻어 5시간 이상 충분히 불린 후 건져 30분 정도 물기 뺀 후 두 번 빻아 준비한다.(이 상태로 지급됨)

② 흰팥 가루내기

• 흰팥 껍질 제거하고 찜기에 40분 정도 찐다.

• 다 쪄진 팥은 따뜻할 때 절구에 소금을 넣고 빻아 체에 내려서 가루를 만든다.

③ 쌀가루 섞기

• 쌀가루에 소금, 물을 넣어 체에 내린다.

④ 떡 찌기

• 체로 친 쌀가루에 설탕을 넣는다.

• 찜기에 물이 끓으면 시루에 면포를 깔고 흰팥 고물을 평평하게 깔고 쌀가루–팥가루를 올려 스크레퍼로 편편하게 정리하고 20분 정도 찌고 5분 뜸들인다.

⑤ 담기

• 접시에 깔끔하게 담아 제출한다.

대추단자

배합표

재료명	비율(%)	무게(g)
찹쌀가루	100	200
소금	1	2
물	–	적정량
밤	–	6(개)
대추	–	80
꿀	–	20
식용유	–	10
설탕(찔 때 필요시 사용)	–	10g
소금물용 소금	–	5g

 요구사항

지급된 재료 및 시설을 사용하여 대추단자를 만들어 제출하시오.

❶ 떡 제조 시 물의 양을 적정량으로 혼합하여 반죽을 하시오.
　(단, 쌀가루는 물에 불려 소금 간하지 않고 1회 빻은 찹쌀가루이다.)

❷ 대추의 40% 정도는 떡 반죽용으로, 60% 정도는 고물용으로 사용하시오.

❸ 떡반죽용 대추는 다져서 쌀가루와 함께 익혀 쓰시오.

❹ 고물용 대추, 밤은 곱게 채썰어 사용하시오. (단, 밤은 채썰 때 전량 사용하지 않아도 됨)

❺ 대추를 넣고 익힌 찹쌀반죽은 소금물을 묻혀 치시오.

❻ 친 대추단자는 기름(식용유) 바른 비닐에 넣어 성형하여 식히시오.

❼ 친 떡에 꿀을 바른 후 3×2.5×1.5cm 크기로 잘라 밤채, 대추채 고물을 묻히시오.

❽ 16개 이상 제조하여 전량 제출하시오.

 만드는 방법

① 가루 준비

• 찹쌀을 깨끗이 씻어 5시간 이상 충분히 불린 후 건져 30분 정도 물기 뺀 후 한 번 빻아 준비한다.(이 상태로 지급됨)

• 찹쌀가루는 전체적으로 비벼서 준비한다.

② 쌀가루 섞기

• 찹쌀가루, 소금, 물, 다진 대추(40%)를 넣고 덩어리 없이 비빈다.

• 물이 끓으면 가루를 넣고 20분 찐 후 5분 뜸을 들여 꺼낸다.

③ 떡 치기

• 볼에 삶은 떡을 넣고 절굿공이에 소금물을 묻혀 가며 친다.

④ 고물 준비

• 밤채, 대추채(60%)를 곱게 썰기한다.

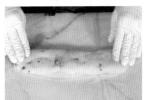

⑤ 성형하기

• 비닐에 기름을 바르고 친 떡을 1.5cm 두께로 성형하여 식힌다.

• 3×2.5×1.5cm 크기로 썬 떡에 꿀을 바른 다음 밤채와 대추채를 섞은 고물에 고루 묻힌다.

⑥ 담기

• 접시에 16개 이상 담아 제출한다.

참고문헌

- 풍석재단음식연구소, "조선셰프 서유구의 떡이야기", 자연경실, 2019

- "자연과정성의 산물 우리음식", 우리역사넷, http://contents.history. go.kr(2023.11.26)

- 최은희, "떡의 미학", 백산출판사, 2014

- 김규흔, "한국의 전통과자", MID, 2015

- 풍석문화재단음식연구소, "조선셰프 서유구의 과자이야기", 자연경실, 2020

- 한복려, "한과", 궁중음식연구원, 2005

- 윤숙자 · 유복렬 · 김미선, "한국전통 음청류와 차음식", 지구문화사, 2015

- 정해옥, "한국음식", 문지사, 2006

- 큐넷(Q-net), https://www.q-net.or.kr

- 식품의약품안전처, https://www.mfds.go.kr

저자약력

조병숙

- 현) 홍성요리학원 대표
- 현) 혜전대학교 조리외식계열 외래교수
- 현) 사단법인 한국음식문화진흥원 연구이사
- 순천대학교 조리과학과 박사 수료
- 문경대학교 호텔조리과 겸임교수
- 국가공인 조리기능장
- 저서: 한식, 양식, 중식, 일식·복어 조리기능사

허이재

e-mail: cookzzang2@hanmail.net

- 현) 예미요리직업전문학원 대표
- 순천대학교 이학박사
- 광주대학교 식품영양학과 겸임교수
- 송원대학교 식품영양학과 겸임교수
- 국가공인 조리기능장
- 대한명인 제17-500호
- 저서: 고급한국음식의 味/식품가공기능사 이론/꽃처럼 드리고 싶은 우리떡 우리한과/광주·전남 향토음식/한식, 양식, 중식, 일식·복어 조리기능사

김은주

- 현) 전주요리제과제빵학원 대표
- 현) 이금기 한국홍보대사
- 호남대학교 외식조리관리학과 석사
- 전주대학교 전통식품산업학과 석사 수료
- 전주교통방송 〈주말을 부탁해〉 고정출현
- 국가공인 조리기능장
- 저서: 한식, 양식, 중식, 일식·복어 조리기능사

이영주

* 현) 서천요리아카데미학원 대표
* 현) 원광보건대학교 외식조리과 겸임교수
* 현) 충남도립대학교 호텔조리제빵학과 외래교수
* 순천대학교 조리과학과 박사 수료

박서영

* 현) 전주요리제과제빵학원 조리 및 행정 실장
* 현) 전주대학교 외식산업조리학과 외래강사
* 경기대학교 외식조리관리학과 석사
* 전주대학교 외식산업조리학과 학사

박혜경

* 현) 청파 한국전통약선음식연구회 대표
* 푸드코디네이터/한식디저트 대한명인
* 한국전통 약선요리 명인
* 한국식문화디자인협회 이사
* 한국푸드코디네이터협회 이사
* 한식 해설사
* 한국식공간디자인연구회 대표
* 저서: 한국인이 좋아하는 174종의 세계 디저트

저자와의
합의하에
인지첩부
생략

한식 디저트 & 떡제조기능사

2024년 3월 5일 초판 1쇄 인쇄
2024년 3월 10일 초판 1쇄 발행

지은이 조병숙·허이재·김은주·이영주·박서영·박혜경
펴낸이 진욱상
펴낸곳 (주)백산출판사
교 정 성인숙
본문디자인 장진희
표지디자인 오정은

등 록 2017년 5월 29일 제406-2017-000058호
주 소 경기도 파주시 회동길 370(백산빌딩 3층)
전 화 02-914-1621(代)
팩 스 031-955-9911
이메일 edit@ibaeksan.kr
홈페이지 www.ibaeksan.kr

ISBN 979-11-6567-817-3 93590
값 21,000원

● 파본은 구입하신 서점에서 교환해 드립니다.
● 저작권법에 의해 보호를 받는 저작물이므로 무단전재와 복제를 금합니다.